澜湄环境合作系列丛书

澜沧江－湄公河国家
淡水健康管理研究

李　霞　钱钊晖　梁莎莎／编著

中国环境出版集团·北京

图书在版编目（CIP）数据

澜沧江－湄公河国家淡水健康管理研究 / 李霞，钱钊晖，梁莎莎编著．-- 北京：中国环境出版集团，2020.10

（澜湄环境合作系列丛书）

ISBN 978-7-5111-4470-6

Ⅰ．①澜…　Ⅱ．①李…　②钱…　③梁…　Ⅲ．①澜沧江—流域—淡水—水资源管理—研究　②湄公河—流域—淡水—水资源管理—研究　Ⅳ．① TV213.4

中国版本图书馆 CIP 数据核字（2020）第 201657 号

责任编辑　赵惠芬
封面设计　彭　杉

出版发行　中国环境出版集团
（100062　北京市东城区广渠门内大街 16 号）
网　　址：http: //www.cesp.com.cn.
电子邮箱：bjgl@cesp.com.cn.
联系电话：010-67112765（编辑管理部）
010-67175507（第六分社）
发行热线：010-67125803，010-67113405（传真）

印　　刷　北京中献拓方科技发展有限公司
经　　销　各地新华书店
版　　次　2020 年 10 月第 1 版
印　　次　2020 年 10 月第 1 次印刷
开　　本　710 × 960　1/16
印　　张　11.25
字　　数　230 千字
定　　价　69.00 元

前 言

澜沧江－湄公河流域，涉及中国、缅甸、老挝、泰国、柬埔寨和越南6个国家，是世界上水资源、生态资源和生物多样性最为丰富的流域之一。健康的澜沧江－湄公河流域对于沿岸居民生计至关重要，并影响着东南亚以及全球其他地区人民的生活。

然而，伴随着湄公河地区国家的快速工业化、城镇化进程，越来越多的生态环境问题开始凸显出来。例如，工业、农业和生活污染物排放导致水资源污染、生态环境明显恶化等。因此，需要对澜沧江－湄公河淡水生态系统做一个系统性评估，以评价该流域的健康状况，进而对相应的地区发展政策作出及时调整。

中国—东盟环境保护合作中心／澜沧江－湄公河环境合作中心（简称东盟中心／澜湄中心）、保护国际基金会（CI）联合北京师范大学、云南省生态环境科学研究院以澜沧江－湄公河环境合作为视角，通过选取中国云南省西双版纳傣族自治州（以下简称西双版纳）澜沧江主干流、大理洱海作为示范地开展示范项目，应用淡水健康指数（FHI）研究方法，对该流域的健康状况进行了首次评估；同时，联合海南省环境科学研究院选取海南省南渡江上游松涛水库作为示范地开展示范项目，对淡水生态系统管理进行对比研究。

FHI 研究方法通过突出健康淡水生态系统及其提供的服务和管理与利益相关方在淡水管理和使用中的角色之间的关系，弥补了当前淡水健康评估指标的不足。FHI 相关指标主要分为三大类：生态系统生命力指标、生态系统服务指标和管理与利益相关方指标。其中，生态系统生命力指标包含水量、水质、流域情况和生物多样性 4 个二级指标；生态系统服务指标包含供给、调控与支持和文化 3 个二级指标；管理与利益相关方指标包含政策环境、利益相关方参与、愿景和适应性管理[①]与有效性 4 个二级指标。每个二级指标又下设若干三级指标。

项目组成员赴西双版纳、大理、海南省松涛水库开展了多次实地调研，并多次召开利益相关方论坛。通过阅读文献与年鉴、收集环境监测数据、解读遥感图像、实地走访、问卷调研、模型模拟（SWAT 模型）等方式得到了生态系统生命力指标、生态系统服务指标计算所需数据；关于管理与利益相关方指标计算所需数据，主要通过组织利益相关方填写调查问卷并对问卷进行分析等方式获取。

同时，项目组还会同生态环境部、水利部系统直属单位、云南省生态环境厅直属单位、海南省生态环境厅、研究机构、非政府组织（NGO）、企业界等方面的专家和代表，对 FHI 各级评估指标进行了权重赋值，并运用层次分

① 愿景和适应性管理是指将信息纳入流域政策和规划的能力。

析法（AHP）分析得出了各指标的最终权重，进而得到了西双版纳澜沧江主干流 FHI 各指标得分以及总得分。

应用 FHI 方法研究表明，西双版纳澜沧江主干流、大理洱海、南渡江上游松涛水库淡水生态系统健康状况总体良好。未来几年将对以上流域进行跟踪评估，依据分数的增加或降低为当地淡水生态系统管理工作提供政策建议。

编者

2020 年 6 月

目　录

1 淡水生态系统管理方法学简介

澜沧江－湄公河环境合作淡水健康指数联合研究是由中国—东盟环境保护合作中心／澜沧江－湄公河环境合作中心（简称东盟中心／澜湄中心）和保护国际基金会（CI）组织并联合其他科研机构在中国云南省、海南省开展的试点研究。目前，联合北京师范大学完成云南省西双版纳傣族自治州澜沧江淡水生态系统健康评估研究；联合云南省生态环境科学研究院（中国昆明高原湖泊国际研究中心）完成云南省大理市洱海淡水生态系统健康评估体系的搭建；同时，落实好生态环境部支持海南自贸区建设国际合作领域相关措施，促进海南省生态环境保护及生态试验区建设，为全国生态文明建设探索经验；为进一步推动中国生态文明建设方案走出去，强化澜湄环境合作及绿色“一带一路”建设，东盟中心／澜湄中心于2018年开展了澜沧江－湄公河环境合作战略规划研究，并联合海南省环境科学研究院选取海南省南渡江上游松涛水库开展示范项目，对淡水生态系统管理进行研究。

研究方法采用的是保护国际基金会 Derek John Vollmer 博士及其团队开发的淡水健康指数法（FHI）。本书的3个项目根据该方法，充分结合澜沧江流域、大理洱海和海南松涛水库的实地情况，有针对性地选取指标评价体系，首次对流域淡水生态系统健康状况进行了评估。

FHI 研究方法突出了健康的淡水生态系统本身、健康的淡水生态系统所能提供的服务以及管理与利益相关方在淡水管理和使用中的角色与作用，强调三者之间相辅相成、互相影响（图 1-1），从而弥补了当前淡水健康评估指标无法兼顾以上三者的不足。

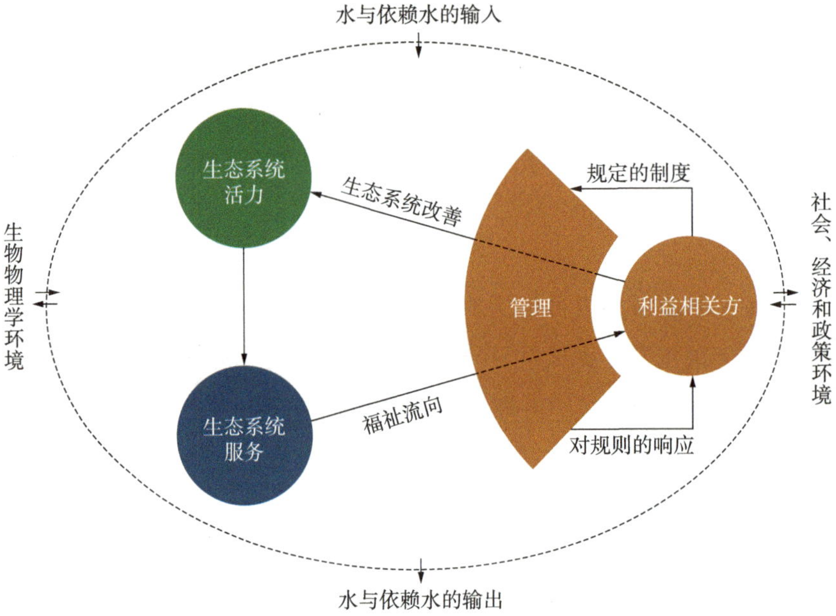

图 1-1　社会—淡水生态系统概念框架

FHI 评价体系包括生态系统生命力、生态系统服务和管理与利益相关方 3 个一级指标。其中，生态系统生命力包含水量、水质、流域情况和生物多样性 4 个二级指标；生态系统服务包含供给、调控与支持和文化 3 个二级指标；管理与利益相关方包括政策环境、利益相关方参与、愿景和适应性管理与有效性 4 个二级指标。每个二级指标又下设若干三级指标，具体指标体系见表 1-1。

表 1-1 淡水生态系统评估指标体系

一级和二级指标	三级指标
生态系统生命力	
水量	与天然径流的差异
	地下水储量
水质	总氮
	总磷
	高锰酸盐指数
	阴离子表面活性剂
流域情况	河道改变程度
	天然地表覆盖变化
生物多样性	关注物种数量和趋势的变化
	入侵物种和有害物种数量和趋势的变化
生态系统服务	
供给	年均用水压力
	供水的可靠性
	供消费的生物质量
调控与支持	泥沙调控
	水体污染物过滤
	防洪减灾
	疾病调控
文化	保护区域
	涉水休闲业
管理与利益相关方	
政策环境	水资源管理
	资源使用权
	激励制度与规则
	财务能力
	技术能力

续表

一级和二级指标	三级指标
利益相关方参与	信息获取
	决策制定过程中的参与
愿景和适应性管理	战略规划和适应性管理
	监测和学习机制
有效性	执行和遵守情况
	利益分配
	水相关冲突

在本书中，生态系统生命力指标、生态系统服务指标计算所需数据通过阅读文献与年鉴、收集环境监测数据、解读遥感图像、实地走访、问卷调研、模型模拟（SWAT 模型）等方式获得（具体计算过程以西双版纳澜沧江试点为例，详见附录 1）；管理与利益相关方指标计算所需数据，主要通过组织利益相关方填写调查问卷并对其进行分析而得（详见附录 2）。各级指标权重由来自相关政府管理部门、研究机构、NGO、企业界的专家和代表赋值，并运用层次分析法（AHP）分析而得（各指标权重调查问卷见附录 3；以西双版纳澜沧江试点为例，各指标权重得分见附录 4）。基于三级指标得分及各级指标权重值计算得到了西双版纳澜沧江主干流淡水健康指数一级、二级指标得分以及总得分。

2 西双版纳澜沧江淡水健康评价

2.1 概述

澜沧江－湄公河流域，涉及中国、缅甸、老挝、泰国、柬埔寨和越南6个国家。澜沧江－湄公河是一条流经亚洲南部的重要国际河流，也是世界第六大河、东南亚第一大河，流域总面积81万km^2，澜湄地区总面积为233万km^2，总人口约2.46亿。

澜沧江－湄公河是世界上水资源、生态资源和生物多样性最为丰富的河流之一，就鱼类物种多样性而言，其丰富程度仅次于亚马孙河，位居世界第二。此外，柬埔寨境内的洞里萨湖和越南境内的湄公河三角洲还是东南亚地区乃至世界上重要的“鱼仓”和“粮仓”。因此，健康的澜沧江－湄公河流域对于沿岸居民生计至关重要，并影响着东南亚以及全球其他地区人民的生活。

湄公河地区的国家目前普遍处于快速工业化、城镇化进程中，随着湄公河流域内各国经济的发展，大量随之而来的生态环境问题开始凸显出来，例如，珍稀动物日益减少，自然资源短缺、供需矛盾日益突出，大量工业、农业和生活污染物排放导致水资源污染等。因此，需要对整个澜沧江－湄公河淡水生态系统做一个系统性评估，以评价该流域的生态系统健康状况，进而对相应的地区发展政策及时作出调整。

中国—东盟环境保护合作中心 / 澜沧江－湄公河环境合作中心、保护国际基金会联合北京师范大学在澜沧江－湄公河环境合作框架下，以西双版纳澜沧江主干流为示范地开展示范项目，应用淡水健康指数（FHI）研究方法，充分考虑了社会管理、淡水生态系统及其提供的服务之间的关系，对该流域的健康状况进行了首次评估。该项目得到了云南省生态环境厅、西双版纳生态环境局、西双版纳水利局、西双版纳农业农村局、西双版纳卫生健康委员会、云南省生态环境科学研究院、中国科学院西双版纳热带植物所、云南大学、中国环境科学研究院、中国环境监测总站、中国科学院地理科学与资源研究所、NGO 以及企业的大力支持。

2.2　西双版纳澜沧江淡水健康评价内容与结果分析

2.2.1　生态系统生命力

生态系统生命力主要用于表征西双版纳澜沧江主干流的水量、水质、流域情况及生物多样性，由于生态系统保护工作在西双版纳州的重要性，该指标得到了相较其他两项指标更高的权重，该指标得分为 89.2 分。西双版纳水资源丰富，少有枯水年，水质优良。经济结构以第一和第三产业为主，第二产业占比较小。此外，西双版纳特殊的地理环境与温暖湿润的气候，繁育了极为丰富的动植物资源，生物多样性保存程度较好。因此，西双版纳澜沧江的水质、水量、生物多样性指标得分均较高。然而，河道改变程度和天然覆盖率变化两项导致了较低的流域情况得分。

2.2.1.1　水量

水量指标由与天然径流的差异和地下水储量两个指标决定，该指标综合得分为 85.2 分。

与天然径流的差异指标主要衡量西双版纳澜沧江主干流研究时段内径流量与天然无破坏状态下的径流量的差异。澜沧江流域径流来源以降水为主，地下水和融雪补给为辅。研究河段属于流域的下游河段，处于亚热带和热带气候区，受季风影响，降水丰沛，降水占年径流量的 60% 以上。该指标计算的主要数据来源是 2010—2015 年 SWAT 模型模拟结果，其中天然径流的模拟是将人为因素剔除，不考虑模型模拟中的农田管理措施、水库、点源等项目，并将土地利用中的居住点、农田还原成林草地。通过模型模拟计算得出的指标得分为 75.4 分，表明现有径流量与天然径流存在少量差距，但总体比较贴合自然状况。地下水储量指标主要用于衡量地下水的消耗程度。云南省有大小河流上万条并分属于独龙江、怒江、澜沧江、金沙江、元江和珠江六大水系，地下水基本遵循地表分水岭向两侧径流，沿江河谷地排泄，除少数岩溶地区地表与地下水分水岭不一致外，地表分水岭即为地下水分水岭，每条江河及其主要支流分布的地下水自成体系，形成独立的地下水系统。因此，云南省六大地表水分区即为地下水一级资源分区，其边界为地表分水岭。云南地表水资源丰富，地下水资源也相对丰富，且地下水的利用量仅占全省地下水资源的 0.85%，占可采资源量的 3.53%（2002 年统计数据），具有很大的可利用空间。

西双版纳澜沧江主干流地下水储量指标计算数据来自 SWAT 模型模拟，以 2010—2015 年地下水储量是否有明显下降判断该地区是否存在地下水消耗过度问题。同时，以 2015 年 4 月—2017 年 3 月澜沧江流域的 SMAP 土壤水监测值作为辅证，证明研究期间土壤水的具体状况。该指标得分为 95 分，表明西双版纳地下水开采量及利用率偏低，无地下水消耗过度问题。这与实地调研时了解到的情况相符，当地地表水丰富，地下水开采较少，地下水主要用于桶装、瓶装矿泉水的生产。

2.2.1.2　水质

水质指标的计算选取了4种水体污染物，分别为总氮、总磷、高锰酸盐指数和阴离子表面活性剂。以我国《地表水环境质量标准》（GB 3838—2002）的Ⅲ类水体污染物浓度限值为标准，应用WQI法（水环境质量指数法）计算得到该指标得分为100分，表明研究流域水质良好。

西双版纳经济结构以第一和第三产业为主，基于市场对绿色食品的需求，目前经济作物基本不使用农药、化肥，此外，茶树、樟脑树等多用生物防治，对生态环境影响也较小。西双版纳第二产业占比较小，主要有5家糖厂、50余家橡胶厂和2～3家水泥厂。总的来说，西双版纳水体中无化学污染物，但由于本地橡胶厂的污水排放而存在少量可降解的有机物质；同时，橡胶厂生产期一般为汛期，而汛期对水中有机物浓度有较强的稀释作用。因此，研究流域水质状况总体较好。

2.2.1.3 流域情况

流域情况指标由河道改变程度和天然地表覆盖变化两个三级指标决定。鉴于西双版纳优良的生态系统及环境质量，当地政府在审批电站等项目时严格控制风险，并对可能产生的影响及时、定量进行了弥补，因此，专家预判流域情况改变对当地淡水生态系统影响较小，该指标权重值较小。流域情况指标综合得分为 62.6 分。

西双版纳澜沧江主干流上只有 1 个水电站——景洪电站，但支干流上有 200 多座小二型水库，导致了一定程度的河道破碎化。河道改变程度主要通过利用地理信息系统（GIS）分析各干流、支流的长度以及靠近河口的水系长度获得。关于河道改变对洄游鱼类的影响，据景洪电站环评报告，电站建设时设计了鱼类洄游通道，电站建设对洄游鱼类基本没有影响。该指标得分为 74.8 分。

天然地表覆盖变化指数主要用于衡量流域内天然地表覆盖的程度。西双版纳地区的归一化植被指数（NDVI）值偏高。然而，项目组通过实地调研了解到，西双版纳一部分天然植被已被香蕉林和橡胶林所替代，而香蕉林和橡胶林相对于天然植被具有较弱的保水固土功能，且耗水量大。因此，该指标计算过程中引入了自然性指数。自然性指数根据人类活动导致的转变来描述流域内的土地利用 / 土地覆盖的状态和趋势，其指数值具有一个从完全自然到完全人工的梯度（范围 0～100）。根据澜沧江 2010 年土地覆盖数据、澜沧江 2010 年 NDVI 数据分析得出指标计算所需数据，该指标得分为 50.25 分。

2.2.1.4 生物多样性

生物多样性指标主要衡量依水而生的物种数量现状及发展趋势，包括关注物种数量和趋势的变化、入侵物种和有害物种数量和趋势的变化两个三级指标。西双版纳气候温暖湿润，光热资源丰富，有着极为丰富的动植物资源，素有“动物王国”和“植物王国”的美称，且生物多样性保护工作一直是西双版纳生态环境保护工作的重中之重，生物多样性保存程度较好。

然而同时，西双版纳的气候、地形、环境以及丰富的生物多样性也为外来入侵生物提供了易于生存和蔓延的生态环境，特别是以飞机草、紫茎泽兰、含羞草、福寿螺、肿柄菊、马缨丹等为主的外来生物侵害较为严重。2011 年，根据云南省农业厅的统一部署，西双版纳对以飞机草、紫茎泽兰、含羞草、福寿螺、肿柄菊、马缨丹为主的外来生物展开了调查并采取了人工 / 机械铲除、药剂防治、替代控制、生物防治、开发利用等措施，外来物种得到了有效控制。据实地走访可知，近年来农业发展使河流中天然渔业资源量有所减少，但西双版纳农业农村局针对该问题及时、按期采取增殖放流措施，保证了河流中的生物多样性。该指标得分为 95 分。

2.2.2 生态系统服务

生态系统服务指标主要评估西双版纳澜沧江主干流与水相关的供给、泥沙调控与支持和水相关文化指标，得分为 88.9 分。如前所述，西双版纳水资源丰富，无资源性缺水和季节性缺水现象，供水可靠性较高。西双版纳对渔业资源捕捞量的统计数据较少，但实地走访调研得知，天然河道里鲤鱼、草鱼相对较多。此外，农业农村局定期实行增殖放流，因此，研究流域供消费的生物质量较大。从地方统计数据和模拟结果来看，西双版纳澜沧江主干流在调控泥沙量、过滤水体污染物、防洪减灾、疾病调控方面效果较好，得分较高。对于涉水休闲业指标，由于无官方统计数据且数据难以通过模拟方法获得，项目组设计了调查问卷进行分析，总体来看，受访群体在涉水休闲娱乐上花费的时间较少，该部分得分较低。

2.2.2.1 供给

供给指标由年均用水压力、供水的可靠性和供消费的生物质量 3 个指标决定。该指标综合得分为 90.7 分。

西双版纳共有 102 亿 m^3 的水资源储量，人均水资源量为 6 000～10 000 m^3，但使用率仅为 5.7%，不同用途使用量占比中，农业用水为 80%，主要用于灌溉，工业用水为 10%，生活等其他用水约占 10%，总体来说，水资源储量较大。研究年份出现干旱的频率较高，但采取措施比较及时，未产生过较为严重的影响，年均用水压力指标得分为 84.7 分，表明研究流域供水压力并不十分明显。

西双版纳雨季为 5—10 月，旱季为 11 月至次年 4 月，由于蓄水工程的供水，无季节性缺水现象。虽各年份干旱情况不一，但面对旱情，全州能够采取多种措施，确保了大灾之年农业不减收，保证了供水的可靠性，供水的可靠性指标得分为 95 分。

由于西双版纳农业农村局对渔业资源捕捞量统计数据较少，无法得到该流域的生物质供应量。然而，通过实地走访获悉，西双版纳天然河道里鲤鱼、草鱼相对较多，同时，西双版纳农业农村局在澜沧江主干流会定期实行增殖放流，保证了河流生物质供应量，供消费的生物质量得分为 95 分。

2.2.2.2 调控与支持

调控与支持指标包含泥沙调控、水体污染物过滤、防洪减灾和疾病调控 4 个三级指标。该指标综合得分为 91.2 分。

近年来，澜沧江干流的水电开发对澜沧江中下游河流泥沙是否产生影响，引起了国内外广泛关注，因此泥沙调控指标评估显得尤为重要。本次研究利用 SWAT 模型的输出结果，对 2010—2015 年的泥沙沉积量变化趋势进行了分析，对泥沙变化明显的子流域进行统计。该指标得分为 80 分，表明研究流域具有较好的泥沙调控功能。

西双版纳澜沧江流域水质在研究年份内一直符合国家地表水水质标准，水质状况较好，没有Ⅲ类以下水质。以Ⅲ类水质标准为界限进行评价，可以得出水体污染物过滤指标分值为满分。

由于特殊的地形环境和气候条件，水资源时空分布极不均匀，雨季降水量占全年总降水量的 80% 以上，加之全省 94% 的国土面积为山区和高原，云南省自古就是一个“无灾不成年”的省份，无雨就旱、有雨则涝，水旱灾害常常交替发生。因此，云南省高度重视水利工作，不断加大水利投入力度，水利建设、改革、管理工作始终走在全国前列。得益于水利设施的修建，西双版纳供水保障能力、水利防灾减灾能力有了极大提升，几乎无洪涝灾害发生，防洪减灾指标得分为 84.7 分。

虽然由于社会、经济、文化、气候、地理等多种因素的影响，西双版纳传染病预防控制形势比较严峻，预防控制工作的开展相对艰难，但自 2003 年中国成功控制 SARS 疫情后，国家就中国疾病预防控制体系建设做出了重大部署，经过 4 年来的不懈努力，西双版纳逐步完善了疾病预防控制机构建设，传染病预防控制工作已逐渐转入常态，硬件建设和应急能力得到加强，人员素质得到提高。在研究年份内，西双版纳无与水相关的流行病发生，疾病调控指标分值为满分。

2.2.2.3　文化

文化指标包括保护区域和涉水休闲业两个三级指标，当地利益相关方认为，该指标对淡水生态系统健康程度影响较小，赋予了较低的权重。该指标综合得分为 74.2 分。

保护区域指标反映了河岸和湿地内由于其文化重要性被划定为保护区域的面积。因难以识别因文化原因划定的保护区，自 1958 年西双版纳便开始划定自然保护区，目前西双版纳自然保护区面积已占全州总面积的 12.7%，且西双版纳自古因水文化而出名。所以，经综合分析，该指标得分为 95 分。

涉水休闲业指标评估的是人们花在与淡水生态系统相关的休闲活动上的时间，项目组设计了问卷并发放了 20 份（问卷内容见附录 5），收回有效问卷

15 份，经统计，每个月进行与淡水生态系统相关休闲活动的次数大于 7 次或者每次花费在与淡水生态系统相关的休闲活动上的时间大于 2 小时的有 8 人，综合分析该指标得分为 53.3 分。

因有效问卷填写者多为政府或事业单位工作人员及学生，而受访群体可能花费在涉水休闲业上的时间不多，该指标得分较低。虽然该分析结果的代表性与客观性有待研究，但也反映了西双版纳在涉水休闲业方面具有较大的发展空间。

2.2.3 管理与利益相关方

管理与利益相关方指标评估的是西双版纳澜沧江主干流管理相关政策环境、利益相关方参与、有效性及愿景和适应性管理等情况。研究河段利益相关方较为多元化，相关执行机构能否从宏观管理角度进行流域规划与政策制定，从微观管理角度执行有效的流域投资、建设、保护项目，并对利益相关方进行有力协调，对流域可持续发展至关重要，但相关工作异常复杂。该部分得到了略高于生态系统服务指标的权重。该部分所衡量的指标无法精确量化，主观性较强，因此采用了问卷调查的方式进行研究。

调研组赴西双版纳，对当地政府、企业、研究机构、社区进行了问卷调查或访谈。由于对当地淡水生态系统管理情况较为了解的 NGO 较少且目前使用的调查问卷总体设计比较复杂，NGO 部分问卷或无法完成或因缺少太多而无法使用，所以问卷调查中的 NGO 部分暂时缺少。此外，相关问卷调研参与者及与会专家也从各个角度对调查问卷的进一步完善提出了建议，包括扩大样本覆盖面以及设计更多本地化的考察指标等。

西双版纳澜沧江主干流管理与利益相关方指标得分为 80.8 分，为所有指标中得分最低项，表明该流域在管理与利益相关方方面仍然存在一定的挑战。

2.2.3.1 政策环境

政策环境指标设置了水资源管理、资源使用权、激励制度与规则、技术能力以及财务能力 5 个三级指标，主要用于衡量淡水资源治理和管理中的政策、规则、市场机制和社会准则。这 5 个维度基本构成了政府流域管理的行政大环境，是流域管理的基础，也最能反映整个流域的管理程度，因此，政策环境指标被赋予了最高权重。政策环境指标评估得分为 80.4 分，分数相对较高，但仍有较大改善空间。

水资源管理指标衡量淡水资源治理过程中政府机构的行为能力，包括政府开发和管理协调能力、基础设施开发能力、财政规划能力等。政府机构的行为能力是流域管理的重要因素，关乎相关政策的执行效力和效率、利益相关方之间的矛盾调和等方面。该指标得分为 80.4 分，其中政府开发和管理协调能力以及基础设施开发能力得分较高，而财政规划能力得分相对较低。总体而言，该得分表明当地政府能动性较强，流域管理水平较高。

资源使用权指标用来衡量水资源相关的利用制度的合理性，包括部门之间水资源分配、各行政区之间水资源分配、地下水取水、污水排放制度等，指标得分反映了机构合理调配水资源的能力以及当地水资源的使用效率。该指标得分为 79.7 分，主要低分项为污水排放制度、土地利用开发制度及地下水取水制度。

激励制度与规则指标衡量经济刺激等不同管理手段的可用性，体现了政府使用不同管理手段促使流域居民做出符合环保要求行为的能力。该指标得分高低意味着政府能否灵活运用政策及管理工具引导当地居民进行流域保护。该指标得分为 77.5 分，相对较低。由于社区居民认为西双版纳水资源充沛，建立水资源交易制度的必要性不大，因而导致水资源交易制度项得分偏低。除了水资源交易制度，其他低分项也体现出政府在灵活运用激励机制和政策工具方面存在提升空间。

财务能力指标衡量水资源保护工作所需资金与现有资金的缺口，包含了水资源供应方面的投资、污水处理投资、服务系统投资以及生态保护和修复投资 4 个方面。该指标得分相对较低，为 78.8 分。通过社区访谈了解到，社区群众认为政府在公共厕所方面的投资较少，因而在污水处理方面的投资上给了低分。

技术能力指标衡量水资源管理从业人员的数量和技术水平，包括工作人员的数量、专业水平、培训机会等，该指标反映了政府机构管理团队的知识水平和工作能力。该指标得分为 85.5 分，表明地方政府具备流域管理的人才软实力。

2.2.3.2 利益相关方参与

利益相关方参与指标包括信息获取和决策制定过程中的参与两个三级指标，分别衡量水量、水质、资源的管理和开发数据与政策文件的可获取性，利益相关方的互动途径以及这些互动的透明度和相关责任。利益相关方的参与是水环境治理中的重要环节，良好的利益相关方参与环境有助于解决流域用水矛盾、提高用水效率。该指标得分为 79.3 分，说明在利益相关方的参与方面依然具有较大提升空间。

其中，信息获取指标反映了信息可得性、信息质量、透明度以及信息在水资源管理方面的应用等。信息的公开质量是利益相关方参与的重要基础，高质量的信息公开不仅能够帮助各利益相关方更为有效地沟通，还能帮助政府确认政策方向是否正确。该指标得分为 78.7 分，表明政府需要在信息透明化方面做出更多努力。深入研究数据发现，低分项为信息透明度，而低分主要由学术机构给出。通过与学术机构、企业和政府代表座谈了解到，学术机构对西双版纳当地情况的了解有一定偏差，实际情况应该好于得分情况。

决策制定过程中的参与指标主要反映了参与者的代表性、参与度、响应度等维度。该指标得分为 80.5 分。部分受访群众认为虽然公众可以参与到决策制定过程中，但并不认为公众参与能够影响政策的制定过程，因而在响应度上给出了低分，体现了社区对其能否影响决策制定比较重视。

2.2.3.3 愿景和适应性管理

愿景和适应性管理主要衡量收集和分析信息，并将之纳入流域政策和规划的能力，包括战略规划和适应性管理、监测和学习机制两个分指标。流域管理需要政府借助各类分析工具进行科学的战略规划，从而能够对千变万化的流域情况进行合理把控。该指标得分为 82.1 分，表明政府在该方面能力较强。

战略规划和适应性管理评价的是在流域规划和适应性管理层面，关于水质、水量、地表水和地下水、土地利用和生态、不同利益相关者的协调等问题的综合情况，包括目标设定、规划机制及适应性管理3个维度。战略规划是长远的目标制定，从宏观角度对流域管理进行把控；而适应性管理则要求政府能够适应瞬息万变的流域情况，当新情况出现时能够随时作出适当决策。该指标得分为80.7分，情况较好。

监测和学习机制考核的是不同类型水资源数据的收集、分析及使用情况，包括水量数据、水质数据、生物及生态数据、取水数据等，以衡量水资源物理、化学、生物监测数据以及社会经济数据的质量和使用情况。该指标得分为86.2分，表明当地政府具备较好的数据管理能力。

2.2.3.4 有效性

有效性指标衡量的是流域管理相关政策的落实效果，包含执行和遵守情况、利益分配及水相关冲突3个维度。通过调研采访，多数专家认为，当地政府对生态环境保护工作非常重视，一般情况下，出台的政策均能得到很好的落实。因此，相比较政策环境指标，该指标被赋予了较低的权重。该指标得分体现了政策目的和实际效果之间的差距，分数越高，差距越小。该指标评估得分为83.1分，说明当地政府政策执行效果较好，但仍有较大提升空间。

执行和遵守情况衡量事务管理相关的规章和协议执行情况，包括地表取水、地下取水、调水、水质、水资源利用效率以及土地利用等制度的执行情况。该指标得分为83.0分，表明受访者对执行情况相对满意。

利益分配衡量水资源管理决策的影响，特别是贫困人口、农村居民等弱势群体，城镇居民以及资源依赖型人口（如渔民）在水资源相关的利益分配中是否得到了充足的效益和保护。该指标得分为83.3分，表明受访者对水资源分配情况较为满意。

水相关冲突衡量的是水资源分配、污染、引调水或者基础设施发展中产生的矛盾，包括管理机构权职重叠、不同地区和不同部门用水量分配不均、农村居民清洁用水得不到满足以及基础设施选址争夺等。该指标得分为82.8分，体现了较低的矛盾率，主要原因在于澜沧江流域水资源十分充沛，水质优良，因水资源分配不均和污染造成的矛盾较少。

2.3 研究结论

西双版纳因其地理环境、经济结构、地方政府有效管理、利益相关方积极参与等诸多优势，向来以生态环境优美著称。据统计，西双版纳获得“国家级生态乡镇”称号的乡镇有26个，生态乡镇验收命名比率达83.9%，有着生态州的美誉。2017年9月，西双版纳被评为全国生态文明示范州。

应用FHI研究方法，综合生态系统生命力、生态系统服务、管理与利益相关方3个因素，西双版纳澜沧江主干流首次评估总得分为87.2分，表明当地淡水生态系统健康状况良好。未来几年，还将对该流域进行持续跟踪评估，依据淡水健康指数得分的增加或降低为当地淡水生态系统管理工作提供相关政策建议。

在本研究中，生态系统生命力得分最高，为89.2分，主要原因是西双版纳水资源丰富，经济结构以第一和第三产业为主，并且由于气候和地理原因，西双版纳动植物种类繁多，生物多样性丰富。然而，电站和水库建设引起的河道改变和橡胶林、香蕉林等引起的天然覆盖率变化导致了较低的流域情况得分。

生态系统服务得分较高，为88.9分，主要由于西双版纳水量丰富且供水可靠性较高，供消费的生物质量大。此外，西双版纳澜沧江主干流在泥沙调控、水体污染物过滤、防洪减灾、疾病调控方面效果较好，得分较高。然而，涉水休闲业得分较低，由此表明西双版纳在发展涉水休闲业上仍然存在很大空间。

管理与利益相关方指标得分最低，为 80.8 分。研究流域生态系统管理与利益相关方参与情况、各利益相关方协调工作比较复杂，该部分所衡量的指标无法进行精确量化，主观性较强。同时，由于问卷调查中的 NGO 部分暂时缺少，该指标得分的准确性与代表性还需进一步探讨。尽管如此，该得分依然具有一定的参考价值，表明西双版纳在加强淡水生态系统管理、协调各利益相关方、强化利益相关方参与水资源分配及水环境治理方面面临着一定的挑战。

3 海南松涛水库淡水健康评价

3.1 概述

3.1.1 研究流域概况

松涛水库，又名松涛湖，是海南省最大的淡水湖泊，也是海南省最大的饮用水水源地，水质总体优良，符合地表水Ⅱ类标准，同时是集灌溉、防洪、供水发电、造林等于一体的多功能综合水体。湖（库）水面总面积 130.4 km^2，流域面积 1 503.3 km^2。松涛水库饮用水水源保护区总面积 248.3 km^2，占全省城镇水源保护区总面积的 30%，担负着儋州、临高、屯昌、澄迈、定安、海口等市县及洋浦、老城开发区 200 多万人生产和生活用水供水任务，水质直接影响着琼北 400 多万人的生产生活和生命财产安全。

3.1.2 研究意义

淡水生态系统是在淡水中由生物群落及其环境相互作用所构成的自然系统。淡水生态系统可以分为流水生态系统和静水生态系统。流水生态系统包括江河、溪流和水渠等，在河流的上游，水的流速较快，下游流速较慢。淡水不仅是一切生物的生命组成成分和代谢介质，更是水生生物的安身立命之所。与其他类型的生态系统相比，各河流生态系统具有自身的特点，既受地域的限制，又具有更高的封闭性，其中物种迁入、迁出都很困难，相互之间交流少，使得淡水生态系统更容易受人类行为的干扰，比其他类型的生态系统更脆弱而且遭到破坏后较难恢复。

松涛水库流域大部分位于海南中部山区国家级生态功能保护区，是海南岛的生态安全核心区域。2016 年，依据海南省生态资源特征和生态环境保护需求，在科学开展生态系统重要性和敏感性评估的基础上，坚持强制性、合理性、协调性、可行性、动态性的红线划定基本原则，完成全省生态保护红线划定工作。海南省生态保护红线包括陆域生态保护红线和近岸海域生态保护红线两部分。划定陆域生态保护红线总面积 11 535 km^2，占陆域面积的 33.5%，划定近岸海域生态保护红线总面积 8 317 km^2，占海南岛近岸海域总面积的 35.07%。在空间上基于山形水系框架，以中部山区的霸王岭、五指山、鹦哥岭、黎母山、吊罗山、尖峰岭等主要山体为核心，以松涛、大广坝、牛路岭等重要湖库为空间节点，以自然保护区廊道、主要河流和海岸带为生态廊道，形成“一心多廊、山海相连、河湖相串”的基本生态保护红线空间格局。松涛水库流域内分布着海南霸王岭国家级自然保护区、鹦哥岭省级自然保护区、黎母山省级自然保护区和番加省级自然保护区 4 个自然保护区的部分区域，是我国最大的热带植物园和最丰富的物种基因库，也是南渡江等江河源头区和重要水源涵养区。

然而，随着松涛水库流域生态环境保护力度的不断加大，流域内居民生产生活对资源的需求与生态环境保护之间的矛盾日益凸显。例如，农业、畜禽养殖业以及居民生活产生的污染物排放，流域内渔民生产生活对渔业资源的消耗等问题，因此，需要对松涛水库流域淡水生态系统做一个系统性评估，以评价该流域的健康状况，进而对相应的地区发展政策作出及时调整。

3.1.3 研究评估体系

本研究应用FHI研究方法对松涛水库淡水生态系统健康状况进行了评估。受地域和研究对象差异的影响，海南省淡水生态系统评估指标体系根据试点评估流域特点，对个别三级指标进行了修改（具体指标体系见表3-1）。

表3-1 淡水健康指数评估指标体系

指标考量因子	指标解释
1 生态系统生命力	衡量生态系统整体性和功能发挥的情况
1.1 水量	流域的水储量和流量
1.1.1 与设计蓄水量的差异	研究时段内实际蓄水量与设计蓄水量之间的差异
1.1.2 地下水储量	地下水的消耗程度
1.2 水质	污染物浓度与水生生态系统生物多样性赖以维持的阈值的比较
1.2.1 悬浮颗粒物	流域总悬浮颗粒物含量
1.2.2 总氮	流域总氮含量
1.2.3 总磷	流域总磷含量
1.2.4 其他关注的水质参数	其他受关注的流域水质参数值
1.3 流域情况	地表覆盖变化及河道物理变化
1.3.1 河道改变程度	水流碎片化程度
1.3.2 天然地表覆盖变化	流域内天然地表覆盖的程度
1.4 生物多样性	依水而生的物种数量现状及发展趋势
1.4.1 关注物种数量和趋势的变化	受威胁的水生或河岸物种，以及其他受流域特别关注的物种数量和趋势的变化
1.4.2 入侵物种和有害物种数量和趋势的变化	（有意或无意）引入生态系统的非本土物种数量和趋势的变化
1.4.3 自然生态系统受保护程度	流域内自然保护地、自然生态系统保护区的面积
2 生态系统服务	由淡水生态系统提供的各种与水相关的福利
2.1 供给	淡水生态系统的物质产出（主要是水和鱼）

续表

指标考量因子	指标解释
2.1.1　年均用水压力	生活、工业、农业、生态环境净需水量与可供水量的比较
2.1.2　供水的可靠性	季节性变化和 / 或水质变差情况下满足用水需求的能力
2.1.3　供消费的生物质量	人类可从淡水生态系统获取的鱼类、野生水产及其他物质的数量
2.2　调控与支持	支持供给服务或提供防灾功能的生态系统过程
2.2.1　泥沙调控	生态系统调节泥沙从陆地流入及在河滩或出口沉积的能力
2.2.2　水体污染物过滤	生态系统天然过滤污染物的能力
2.2.3　防洪减灾	生态系统削减洪水径流量和 / 或滞洪的能力
2.2.4　疾病调控	水相关疾病（如登革热、疟疾、隐孢子虫病、血吸虫病）的流行情况
2.3　文化	人类从与淡水生态系统的互动中体验到的非物质福利
2.3.1　保护区域	河岸和湿地内由于其文化重要性被定为某种保护区域的面积
2.3.2　涉水休闲业	人们花在与淡水生态系统相关的休闲活动上的时间
3　管理与利益相关方	水资源相关政策的结构及其制定程序
3.1　政策环境（或称使能环境、有利环境）	淡水资源治理和管理中的政策、规则、市场机制和社会准则
3.1.1　水资源管理	机构行使协调、规划、融资和解决争议等关键管理职责的程度
3.1.2　资源使用权	水及相关资源的使用权的一致性
3.1.3　激励制度与规则	影响评价和经济刺激等不同管理手段的可用性
3.1.4　财务能力	水资源保护工作所需资金与现有资金的缺口
3.1.5　技术能力	水资源管理从业人员的数量和技术水平
3.2　利益相关方参与	利益相关方的互动途径以及这些互动的透明度和相关责任

续表

指标考量因子	指标解释
3.2.1 信息获取	水量、水质、资源管理和开发数据的可获取性
3.2.2 决策制定过程中的参与	参与的利益相关方的范围及其话语在政策和规划中的分量
3.3 愿景和适应性管理	将信息纳入流域政策和规划的能力
3.3.1 战略规划和适应性管理	实现流域或子流域全面战略规划的程度
3.3.2 监测和学习机制	水资源物理、化学、生物监测以及用于指导制定政策和规划的社会经济数据的质量和使用
3.4 有效性	水相关政策和投资决策的成果
3.4.1 执行和遵守情况	法律的维护程度及协议的执行程度
3.4.2 利益分配	水资源管理决策的影响，特别是对弱势群体的影响
3.4.3 水相关冲突	水资源分配、获取、污染、引调水或者基础设施发展中出现的矛盾和冲突

生态系统生命力指标、生态系统服务指标计算所需数据通过阅读文献与年鉴、收集环境监测数据、解读遥感图像、实地走访、问卷调研等方式获得（详见附录 6）；管理与利益相关方指标计算所需数据，主要通过组织利益相关方填写调查问卷并对其进行分析而得（详见附录 7）。各级指标权重由来自海南省生态环境厅、海南省松涛水库管理局、海南省环境科学研究院、海南省环境监测中心站、儋州市南丰镇政府、儋州市兰洋镇政府和白沙黎族自治县牙叉镇政府等方面的专家和代表赋值（指标权重赋值调查问卷见附录 8），并运用层次分析法（AHP）分析而得。

3.2 海南松涛水库淡水健康评价研究内容与结果分析

3.2.1 生态系统生命力

生态系统生命力主要用于表征松涛水库的水量、水质、流域情况及生物多样性指标，由于生态系统保护工作在松涛水库流域的重要性，该指标得到了相较其他两项指标更高的权重，该指标得分为89.8分。海南岛水资源丰富，少有枯水年，水质优良。松涛水库流域的经济主要以第一产业为主。此外，松涛水库流域大部分位于海南中部山区国家级生态功能保护区，处于海南省生态红线保护范围内，是我国最大的热带植物园和最丰富的物种基因库，物种资源丰富，生物多样性保存程度较好。因此，松涛水库流域的水质、流域情况和生物多样性指标得分均较高。

3.2.1.1 水量

水量指标由与设计蓄水量的差异和地下水储量两个指标决定。该指标综合得分为66.5分。

与设计蓄水量的差异指标主要衡量松涛水库研究时段内实际蓄水量与设计蓄水量之间的差异。该指标计算的主要数据来源是2013—2017年由水位数据计算得出的实际蓄水量，根据松涛水库最高洪水位和死水位分别对应的蓄水量，应用差值法计算出不同水位相应的蓄水量作为实际蓄水量。通过公式计算出的指标得分为58.6分，表明实际蓄水量与设计蓄水量之间存在一定差距。

地下水储量指标主要用于衡量地下水的消耗程度。海南降水丰沛，地表水资源储量较大，地下水资源基本未开采，具有很大的可利用空间。该指标得分为98分。

3.2.1.2 水质

水质指标的计算选取了4个三级指标，分别为悬浮颗粒物、总氮、总磷和其他关注的水质参数，以《地表水环境质量标准》（GB 3838—2002）的Ⅲ类水体污染物浓度限值为标准，应用WQI法计算得到该指标得分为100分，表明研究流域水质良好。

松涛水库流域周边乡镇产业布局中，主要以第一产业为主，而且农业种植业在第一产业中占较高的比重，统计资料和实际调查显示，流域集水区周边乡镇农业种植种类以橡胶林为主，近几年，橡胶价格持续低迷，基本不使用农药、化肥，对生态环境影响较小，流域水质状况总体较好。

3.2.1.3 流域情况

流域情况指标由河道改变程度和天然地表覆盖变化两个三级指标决定。鉴于松涛水库流域大部分位于海南中部山区国家级生态功能保护区，是海南岛的生态安全核心区域，当地政府在审批电站等项目时严格控制风险，并对可能产生的影响及时、定量进行了弥补，因此，专家预判流域情况改变对当地淡水生态系统影响较小，该指标权重值较小。流域情况指标综合得分为83.7分。

松涛水库（湖）流域除松涛水库外，上游有南湾河、南溪河、南叉河、南春河、南美河汇入，导致了一定程度的河道破碎化。河道改变程度指标得分为77.3分。

天然地表覆盖变化指标主要用于衡量流域内天然地表覆盖的程度。松涛水库流域位于儋州市和白沙黎族自治县，处于生态保护红线区域范围内。分析上述2个市县2012—2016年NDVI，虽呈逐年下降趋势，但总体仍处于较高水平。赋予该指标得分为90分。

3.2.1.4 生物多样性

松涛水库（湖）流域大部分位于海南中部山区国家级生态功能保护区，是海南岛的生态核心区域。流域内分布着海南霸王岭国家级自然保护区、鹦哥岭省级自然保护区、黎母山省级自然保护区和番加省级自然保护区4个自然保护区的部分区域，是我国最大的热带植物园和最丰富的物种基因库，也是南渡江等江河源头区和重要水源涵养区，在保持全岛水环境和生态安全方面具有重要作用。经遥感数据解译，流域范围内各类饮用水水源地和自然保护区面积共 630 km^2。

我们借助前期“海南省流域生态健康评估（第一期）——南渡江上游松涛水库流域段生态健康评估”项目对松涛水库流域的底栖动物多样性、鱼类资源多样性、浮游植物资源多样性、湖库周边植被多样性、湖库周边动物多样性等的调查结果（详见附录 9 ～附录 11），全面评估了松涛水库流域生物多样性。

根据调查结果，松涛水库流域物种丰富，生物多样性指数较高，同时，海南省水利灌区管理局松涛灌区管理分局每年都实施增殖放流工作，保证了水库中的鱼类生物多样性。该指标得分为 95 分。

3.2.2 生态系统服务

生态系统服务指标主要评估松涛水库流域与水相关的供给、调控与支持和文化指标，得分为 89.1 分。松涛水库水资源丰富，无资源性缺水和季节性缺水现象，供水可靠性较高。松涛水库流域渔业资源捕捞量统计数据较少，但据实地走访调研得知，松涛水库里湖湾众多，除了鲢鱼、鳙鱼、鲤鱼等普通种类，还有名贵的白骨鱼。鱼类物种资源丰富，同时海南省水利灌区管理局松涛灌区管理分局每年都开展增殖放流活动，因此，研究流域供消费的生物质量较大。从统计数据来看，松涛水库流域在泥沙调控、过滤水体污染物、防洪减灾、疾病调控方面效果较好，得分较高。对于涉水休闲业指标，为保护松涛水库生态环境，2014 年 4 月 23 日起松涛水库取消涉水休闲服务，受访群体在涉水休闲娱乐上花费的时间较少，该部分得分较低。

3.2.2.1 供给

供给指标由年均用水压力、供水的可靠性、供消费的生物质量 3 个指标决定，该指标综合得分为 86.7 分。

松涛水库是海南最大的水利枢纽工程、全国十大水库之一，被誉为“宝岛明珠”、海南人民的“生命库”。总库容 33.45 亿 m^3，水库面积达 130.4 km^2，集雨面积达 1 496 km^2，担负着儋州、临高、屯昌、澄迈、定安、海口等市县及洋浦、老城开发区 200 多万人生产和生活用水供水任务，年均给海口、儋州、临高等市县和洋浦、老城等开发区供水超过 5 亿 m^3，给琼岛西北部的 12 宗中型水库和 33 宗小型水库提供补水。结合近年来松涛水库用水情况，松涛水库水量充足，能满足下游生活、农业、工业等需求，供水压力不明显，年均用水压力指标得分为 85 分。

松涛水库流域雨量充沛，有明显的多雨季和少雨季，每年的 5—10 月是多雨季，占全年总降水量的 70%～90%，每年 11 月至翌年 4 月为少雨季，仅占全年降水量的 10%～30%，少雨季干旱常常发生。由于蓄水工程的建设，松涛水库无季节性缺水现象。虽各年份干旱情况不一，但面对旱情，该水库能采取多种措施，确保了大灾之年农业不减收，保证了供水的可靠性。综合分析，供水的可靠性指标得分为 90 分。

松涛水库是海南最大的淡水湖，也是海南最大的饮用水水源地。松涛水库里湖湾众多，除了鲢鱼、鳙鱼、鲤鱼等普通种类，还有名贵的白骨鱼。一直以来，海南省政府、海南省水利灌区管理局松涛灌区管理分局高度重视水域水质和生态安全，多次组织开展淡水鱼类增殖放流活动。仅 2016 年，白沙黎族自治县在松涛水库共投放鳙鱼、鲮鱼和鲢鱼 3 种苗种近 400 万尾。综合分析，供消费的生物质量指标得分为 85 分。

3.2.2.2　调控与支持

调控与支持指标包含泥沙调控、水体污染物过滤、防洪减灾和疾病调控 4 个三级指标。该指标综合得分为 92.5 分。

松涛水库是一座具有综合效益的大型水库，也是海南省重要的饮用水水源保护区和核心生态区。省政府历来重视松涛水库流域的水土保持工作，多措并举保证水土安全。松涛水库下游水文站观测数据显示，水体含沙量总体呈现下降趋势。综合分析，泥沙调控指标得分为 85 分。

对水体进行生态净化的方法，包括动物的吞食、吸收作用，植物对营养盐等的吸收作用以及微生物的分解作用等，通过动植物及微生物的共同作用以及水体中污染物质的迁移和转化作用对水体进行生态修复。为此，松涛水库实施了一系列水质保护工程。研究年份水质监测结果显示，松涛水库水质一直符合《地表水环境质量标准》（GB 3838—2002）Ⅲ类标准，水质状况较好，以Ⅲ类水质标准为界限进行评价，可以得出水体污染物过滤指标分值为 100 分。

松涛水库周边植被丰富，可涵养水源、改善水文状况、调节区域水分循环、防止水库淤塞，对于调节径流、合理开发和利用水资源具有重要意义。丰富的植被既可调节坡面径流，又可调节地下径流。得益于水利设施的修建，松涛水库防洪减灾能力有了极大提升，几乎无洪涝灾害发生。综合分析，防洪减灾指标得分为 85 分。

自 2003 年中国成功控制 SARS 疫情后，国家就疾病预防控制体系建设做出了重大部署，经过多年的不懈努力，我国已完善了疾病预防控制机构建设，传染病预防控制工作已逐渐进入常态，硬件建设和应急能力均得到了加强，人员素质也得到了提高。根据海南省松涛水利工程管理局提供的信息，松涛水库未出现登革热、疟疾等流行病相关的情况。综合分析，疾病调控指标分值为 100 分。

3.2.2.3 文化

文化指标包括保护区域和涉水休闲业两个三级指标。当地利益相关方认为，该指标对淡水生态系统健康影响程度较小，赋予较低的权重，该指标综合得分为 86 分。

保护区域指标反映了河岸和湿地内由于其文化重要性被划定为保护区域的面积。因难以识别文化原因划定的保护区，而松涛水库又承担着海口等周边市县 200 多万人的生产和生活用水的供水任务，松涛水库划定了 250 km^2 的饮用水水源地保护区，确保松涛水库饮用水水质达标。根据《海南省人民政府关于划定海南省生态保护红线的通告》（琼府〔2016〕90 号），依据海南省生态资源特征和生态环境保护需求，海南省生态保护红线包括陆域生态保护红线和近岸海域生态保护红线两部分，划定陆域生态保护红线总面积 11 535 km^2，占陆域面积的 33.5%。在空间上基于山形水系框架，以中部山区的霸王岭、五指山等主要山体为核心，以松涛、大广坝等重要湖库为空间节点，以自然保护区廊道、主要河流和海岸带为生态廊道，形成“一心多廊、山海相连、河湖相串”的基本生态保护红线空间格局。经综合分析，保护区域得分为 90 分。

涉水休闲业评估的是人们花在与淡水生态系统相关的休闲活动上的时间。2014 年之前，松涛水库尚存湖上游船旅游服务，所用游船均为环保船，船上产生的一切废水、垃圾均带上岸处理，完全实现污染物“零排放”。为做好松涛水资源整治工作，保护松涛水库的水资源，海南省决定从 2014 年 4 月 23 日起，松涛水库的旅游船全部停止营运，不再接待游客。但库区周边人群不定时进行与淡水生态系统相关的休闲活动，综合分析该指标得分为 70 分。

3.2.3 管理与利益相关方

管理与利益相关方指标通过组织填写并分析《海南省淡水生态系统管理状况调查问卷——以松涛水库为例》的方式获得。调查问卷发放情况为：当地市政府和镇政府相关职能管理部门 9 份，主要发放对象为儋州市生态环境局、儋州市水务局、海南省水利灌区管理局松涛灌区管理分局、儋州市环境监测站的相关工作人员；研究机构 7 份，主要发放对象为海南大学、海南省环境科学研究院相关研究人员；社区 5 份，主要发放对象为松涛水库库区南丰居委会的当地居民；NGO 8 份，主要发放的非政府民间组织是海南智渔可持续科技发展研究中心。因松涛水库周边已无直接涉水相关企业，本次调查未进行企业问卷调查，企业部分缺少。

从回收的调查问卷的分析结果来看，各利益相关方给出的评价得分差异显著。其中，NGO 评分最高，87.2 分；社区评分最低，68.6 分；政府机构和研究机构评分基本一致，分别为 78.5 分和 77.8 分。

对调查结果进行分析可知，松涛水库淡水生态系统管理与利益相关方各指标中得分较高的指标是“资源使用权”（主要是禁渔制度、水资源在各行政区间的分配制度和污水排放制度）和“水相关冲突”，其次是“战略规划和适应性管理”和“执行和遵守情况”（主要是水质状况）。较低得分项主要是“信息获取”（信息可得性，信息质量，信息透明度以及信息在水资源管理、规划和研究方面的应用）和“决策制定过程中的参与”（主要是决策响应度）。总体上看，调查结果基本符合松涛水库淡水生态系统管理与资源利用现状。

管理与利益相关方指标评估的是松涛水库流域管理的政策环境、利益相关方参与、愿景和适应性管理、有效性等情况。从松涛水库淡水资源生态系统保护及资源利用角度评估的是政府职能管理机构在机制、制度方面的完善度及执行上的有效性，对保护及治理方面的投入和能力建设，对各相关利益方的协调情况等。但这种行为及效果较难评估、量化，主观性较强，因此本次研究应用 FHI 评估系统的调查问卷进行评估。

基于利益相关方是依赖湖库淡水服务、影响流域决策的公民个人、社会团体等，本次调研组赴松涛水库儋州主库区开展了实地调研，并对当地市政府、镇政府、库区周边社区进行了深入的问卷调查和访谈。问卷调查的对象为海南省松涛水库水资源管理及利用涉及的政府职能部门（包括市级、乡镇级）、熟悉松涛水库流域相关问题的科研学者，同时还扩大调查范围，选择松涛水库库区周边居民及对该区域情况较了解的群众进行访问调查。因近几年管理部门强化保护管理，限制了松涛水库涉水休闲旅游项目和库区渔业养殖等项目的开发建设，周边已无直接涉水相关企业，所以未开展企业部分的问卷调查。

根据评估结果，松涛水库流域管理与利益相关方指标得分为 80.0 分，该项得分表明了该流域在管理方面取得一定成效，利益相关方也有一定程度的参与，但仍存在可持续改进和完善的地方。

3.2.3.1 政策环境

政策环境指标主要是衡量淡水资源治理和管理中的政策、法规、市场机制和社会规范，这个指标概括反映了流域管理的行政环境，是管理行为在政策层面的直接体现，也是管理的基础，因此这项指标在此部分中得到了最高权重赋值，综合计算后政策环境指标得分为 80.8 分，在 4 项二级指标得分中排第三，与排名前二的指标得分相差不多，分数相对较高，但仍有较大改善空间。

政策环境指标共有 5 个分指标，分别是水资源管理、资源使用权、激励制度与规则、技术能力以及财务能力。

水资源管理指标主要衡量政府职能部门履行职能的程度，如流域内的协调、基础设施的规划与开发、财政资源调动和生态系统保护等。该项指标得分为 82.6 分，被赋予较高权重，说明它是利益相关方较关注的领域。该指标中各利益相关方及政府管理人员本身对各级政府及部门对松涛水库的相关设施的开发和管理、促进生态系统保护的执行力表示肯定，得分较高，但是支撑实施规划和管理所需的财力得分较低。总体表明各级政府在淡水资源保护与管理上能动性较强，但仍需加大财力投入。

资源使用权指标用来衡量水资源相关的利用制度的合理性，包括部门之间水资源分配制度、各行政区之间水资源分配制度、污水排放制度、内陆渔业制度等，该指标被赋予的权重值较低，但得分较高，为 85.3 分，说明它的优先级较低。禁渔制度、水资源在各行政区间的分配制度和污水排放制度得分较高，反映了相关制度较为合理，机构具有合理调配水资源的能力，当地水资源的使用效率较高。

松涛水库
一九六〇年二月九日于海南那大 周恩来

激励制度与规则指标体现出政府使用不同管理手段促使流域居民做出符合环保要求行为的机制可用性。该指标得分 81.3 分，低得分项是水资源交易、荣誉嘉奖制度和土地利用分区政策，总体表明虽然海南中部生态补偿制度有实施，但该流域利益不明显，松涛水库资源管理可考虑采用更具灵活性、更适应当地和更公平高效的机制。

技术能力指标衡量水资源管理从业人员的数量和技术水平，该指标反映了政府机构管理团队的知识水平和工作能力。该指标得分为 76.4 分，为政策环境各分指标最低分，水资源管理有关的技术职能、工作人员数量、专业水平和培训机会方面的得分相对较低，说明“软实力”与制度、机制及设施投入等相比往往不被优先考虑，同时也表明了政府管理部门意识到管理任务的挑战性并迫切希望实现技能提升，以促进更好的管理。

财务能力指标衡量用于支持水资源开发和保护的必要投资水平，包含了水资源供应方面的投资、污水处理投资、服务系统投资以及生态保护和修复投资、环境影响评估及监测投资等方面。该指标得分为 78 分，赋予的权重值是三级指标中最低的，总体表明各利益相关方认为应加大水资源管理相关投资以适应日益增长的服务需求。

3.2.3.2 利益相关方参与

利益相关方参与指标评估流域内利益相关方的所有互动方式以及与这些互动有关的透明度和可靠性，通常被视为优良水治理的一个重要部分，以避免政府重大决策与相关利益方出现冲突，并确保利益的公平分配。利益相关方参与指标包括信息获取和决策制定过程中的参与两个分指标，该项指标得分为 70.3 分，是二级指标中的最低得分项，表明在利益相关方的参与方面仍需做出更多努力、提供更多的开放空间，同时引导公众更多地参与保护与决策。

信息获取指标反映了信息可得性，信息质量，信息透明度以及信息在水资源管理、规划和研究方面的应用等。该项指标得分为 69.1 分，表明政府需要在信息可得性及扩大获取渠道等方面做出更多努力。决策制定过程中的参与指标主要反映了参与者的代表性、参与度、响应度及在决策和规划过程中的影响力。该项指标得分为 72.6 分，其中代表性得分相对较高，响应度得分相对较低，表明最终决策中与利益相关的反馈和诉求仍需得到重视。

3.2.3.3 愿景和适应性管理

愿景和适应性管理主要衡量流域内的全面战略规划（关于土地 / 水资源利用和基础设施开发）的实施程度以及计划能否随环境变化或信息更新及时进行调整。愿景和适应性管理包括战略规划和适应性管理、监测和学习机制两个分指标。该指标得分为 83.1 分，是管理与利益相关方各指标中最高得分项。这表明政府在该方面的努力得到利益相关方的认可。

战略规划和适应性管理指标得分为 84.3 分，主要是管理职能部门赋分较高，在目标设定、空间规划或区域发展规划方面主动性较好，但适应性管理方面的得分较低。

监测和学习机制指标得分为 81.6 分，其中生物及生态数据（如物种、栖息地、多样性）和主要用水者的取水数据方面得分较低，表明当地政府具备了较好的数据管理能力，但生物及生态数据等缺少官方的本地数据，仍需主导开展更多调查研究，以服务于管理。

3.2.3.4 有效性

有效性指标衡量的是流域管理相关政策的执行结果和预期效果。有效性指标被赋予与愿景和适应性管理相同的权重值，说明利益相关方对规划及适应性与制度政策实施的有效性同等关注。该指标得分为 83.3 分，表明当地政府政策执行效果较好，但仍有较大提升空间。有效性包括执行和遵守情况、利益分配以及水相关冲突 3 个分指标。

执行和遵守情况衡量事务管理相关的规章和制度的执行情况，包括地表取水、地下取水、调水、水质、水资源利用效率以及土地利用等制度的执行情况。该指标得分为 84.1 分，表明相关利益方对执行情况相对满意，特别是水质状况得分最高，符合松涛水库水质优良的现状，同时也显示了该流域民众对于松涛水库水质的保护及其重要性有很高的共识。

利益分配衡量部分群体，如贫困人口、农村居民、城镇居民以及资源依赖型人口（如渔民），在水资源相关的利益分配中是否得到了充足的效益和保护。该指标得分为 79 分，深入分析调查问卷发现，当地居民赋分较低，并普遍认为在贫困人口、农村居民的利益分配和保护方面效果较好，对其持肯定态度，但主要是当地渔民认为因水库保护而移民会使其利益受影响，仍需得到更多利益补偿。

水相关冲突衡量的是过去几年中与水资源相关的矛盾的发生情况，包括管理机构权职重叠、不同地区和不同部门用水量分配不均、农村居民清洁用水得不到满足以及基础设施选址争夺、水污染及其对下游地区产生影响等。该指标得分为 85.1 分，得分较高，总体表明松涛水库流域政府机构管理能力较好，因水资源分配不均和污染造成的矛盾较少，同时也得到各利益相关方的认可。

3.3 研究结论

海南岛地理环境优越，生态系统相对独立，生态环境质量优异。松涛水库流域大部分位于海南中部山区国家级生态功能保护区，是海南岛的生态安全核心区域，生态环境质量更为突出。

应用 FHI 研究方法，松涛水库评估总得分为 87.20 分，其中生态系统生命力得分 89.8 分，生态系统服务得分 89.1 分，管理与利益相关方得分 80.0 分，从松涛水库流域 FHI 得分来看，当地淡水生态系统健康状况良好（表 3-2）。

表 3-2　FHI 指标体系权重值及指标得分

指标考量因子	权重值	得分			总得分
		三级指标	二级指标	一级指标	
1　生态系统生命力	0.54				
1.1　水量	0.2				
1.1.1　与设计蓄水量的差异	0.8	58.6	66.5		
1.1.2　地下水储量	0.2	98			
1.2　水质	0.44	100	100	89.8	
1.3　流域情况	0.15				
1.3.1　河道改变程度	0.5	77.3	83.7		
1.3.2　天然地表覆盖变化	0.5	90			
1.4　生物多样性	0.21		95		
2　生态系统服务	0.21				
2.1　供给	0.36				87.20
2.1.1　年均用水压力	0.33	85	86.7		
2.1.2　供水的可靠性	0.34	90			
2.1.3　供消费的生物质量	0.33	85			
2.2　调控与支持	0.44				
2.2.1　泥沙调控	0.25	85		89.1	
2.2.2　水体污染物过滤	0.25	100	92.5		
2.2.3　防洪减灾	0.25	85			
2.2.4　疾病调控	0.25	100			
2.3　文化	0.20				
2.3.1　保护区域	0.8	90	86		
2.3.2　涉水休闲业	0.2	70			

续表

<table>
<tr><th rowspan="2">指标考量因子</th><th rowspan="2">权重值</th><th colspan="3">得分</th><th rowspan="2">总得分</th></tr>
<tr><th>三级指标</th><th>二级指标</th><th>一级指标</th></tr>
<tr><td>3　管理与利益相关方</td><td>0.25</td><td></td><td></td><td rowspan="16">80.0</td><td rowspan="16">87.20</td></tr>
<tr><td>3.1　政策环境</td><td>0.40</td><td></td><td rowspan="6">80.8</td></tr>
<tr><td>3.1.1　水资源管理</td><td>0.27</td><td>82.6</td></tr>
<tr><td>3.1.2　资源使用权</td><td>0.19</td><td>85.3</td></tr>
<tr><td>3.1.3　激励制度与规则</td><td>0.17</td><td>81.3</td></tr>
<tr><td>3.1.4　财务能力</td><td>0.22</td><td>78.0</td></tr>
<tr><td>3.1.5　技术能力</td><td>0.15</td><td>76.4</td></tr>
<tr><td>3.2　利益相关方参与</td><td>0.17</td><td></td><td rowspan="3">70.3</td></tr>
<tr><td>3.2.1　信息获取</td><td>0.65</td><td>69.1</td></tr>
<tr><td>3.2.2　决策制定过程中的参与</td><td>0.35</td><td>72.6</td></tr>
<tr><td>3.3　愿景和适应性管理</td><td>0.215</td><td></td><td rowspan="3">83.1</td></tr>
<tr><td>3.3.1　战略规划和适应性管理</td><td>0.56</td><td>84.3</td></tr>
<tr><td>3.3.2　监测和学习机制</td><td>0.44</td><td>81.6</td></tr>
<tr><td>3.4　有效性</td><td>0.215</td><td></td><td rowspan="4">83.3</td></tr>
<tr><td>3.4.1　执行和遵守情况</td><td>0.6</td><td>84.1</td></tr>
<tr><td>3.4.2　利益分配</td><td>0.19</td><td>79.0</td></tr>
<tr><td>3.4.3　水相关冲突</td><td>0.21</td><td>85.1</td></tr>
</table>

生态系统生命力得分最高，为 89.8 分。海南岛降水资源丰富，少有枯水年。松涛水库流域经济结构以第一产业为主，经济发展对生态环境影响相对较弱，而且松涛水库流域绝大部分位于海南中部山区国家级生态功能保护区，物种资源丰富，2016 年纳入海南省生态红线范围内，生态保护力度较

大。因此，松涛水库流域的水质、流域情况和生物多样性指标得分均较高。

生态系统服务得分较高，为 89.1 分。松涛水库水资源丰富，无资源性缺水和季节性缺水现象，供水可靠性较高。历史调查资料显示，松涛水库流域现有鱼类 71 种，隶属 5 目、18 科、58 属。海南省水利灌区管理局松涛灌区管理分局每年都实施“增殖放流”工作（鳙鱼 320 万尾左右，鲢鱼 70 万尾左右，其他鱼种 10 万尾左右，总共约 400 万尾 / 年），因此，松涛水库流域供消费的生物量较大。从统计数据结果来看，松涛水库流域在泥沙调控、过滤水体污染物、防洪减灾、疾病调控方面效果较好，得分较高。为保护松涛水库生态环境质量，2014 年 4 月取消该流域旅游服务，因此该部分得分较低。

管理与利益相关方指标得分最低，为 80.0 分。研究河段利益相关方较为多元化，相关执行机构能否从宏观管理角度进行流域规划与政策制定、从微观管理角度执行有效的流域投资、建设、保护项目，并对利益相关方进行有力协调，对流域可持续发展至关重要，但相关工作异常复杂。由于该部分用于衡量的指标无法进行精确量化，主观性较强，同时，松涛水库流域已无直接涉水相关企业，所以未开展企业部分的问卷调查，该指标得分的准确性与代表性还需进一步探讨。

3.4 对策与建议

由于海南岛生态系统相对独立，生态环境质量优异，经济结构以第一、第三产业为主，地方政府有效管理等诸多因素，中国海南省松涛水库流域淡水生态系统健康状况良好。然而，随着海南省生态红线制度落地，松涛水库流域生态保护力度不断加大，流域内居民生产生活对资源的消耗与生态保护工作之间的矛盾不断凸显，此外，评估结果显示，松涛水库流域管理工作在信息获取、财务能力、技术能力等方面得分较低，管理与利益相关方参与仍然存在着不足，需要进一步提升。

因此，建议松涛水库在继续保持水资源、水环境质量、生物多样性、供消费的生物质量等方面现有生态环境优势的前提下，提高信息公开度，拓展资金来源方式，加大财政投入力度。同时，加大淡水生态系统管理力度，做好水资源使用及保护规划，提高利益相关方参与度，整体推进当地淡水生态系统管理工作。

4 大理洱海淡水健康评价

4.1 概述

2014 年 11 月李克强总理在第十七次中国—东盟（10+1）领导人会议上提出，要在中国—东盟（10+1）框架下探讨建立澜沧江－湄公河对话合作机制（以下简称澜湄合作），旨在同柬埔寨、老挝、缅甸、泰国、越南等国围绕澜沧江－湄公河流域开展相关合作对话，实现多方的可持续发展。

2015 年 11 月 12 日，澜湄合作首次外长会在中国云南省景洪市举行。中国外交部部长王毅以及泰国、柬埔寨、老挝、缅甸、越南等周边国家外长出席会议，各国外长就推进澜湄合作深入交换意见并达成广泛共识，决定在政治安全、经济和可持续发展、社会人文三大重点领域开展务实合作，共同打造更为紧密、互利合作的澜湄共同体，同时提议于 2016 年各方方便时举行澜湄合作首次领导人会议。

2016 年 3 月 23 日，澜湄合作首次领导人会议在海南三亚召开，李克强总理在会议上发表重要讲话，提出了包括共促和平稳定、坚持发展为先、依托项目推进、促进开放包容在内的四大重要澜湄合作导向，明确了包括共建澜湄国家命运共同体、加强互联互通和产能合作、聚焦可持续发展议题、构筑人文交流桥梁在内的澜湄合作未来发展四大建议。其中，在提出聚焦可持续发展议题的重要建议时，李克强总理明确指出，“中方愿与湄公河国家共同设立澜湄水资源合作中心和环境合作中心，加强技术合作、人才和信息交流，促进绿色、协调、可持续发展”，进一步明确了开展澜湄环境保护合作和建立澜湄国家可持续发展机制的重要性。同时，此次会议还发表了《澜沧江－湄公河合作首次领导人会议三亚宣言》，明确了要鼓励可持续与绿色发展，加强环保和自然资源管理的重要目标管理。澜湄合作首次领导人会议的召开宣告了澜沧江－湄公河合作机制正式启动。

2016 年 12 月和 2017 年 12 月澜湄合作第二次和第三次外长会议分别在柬埔寨暹粒和云南省大理白族自治州举行，两次会议的举行进一步明确了各国未来开展澜湄合作的路线图，同时各国外长也就《澜湄合作五年行动计划（2018—2022 年）》的原则达成一致，明确了未来将进一步推进澜湄环境合作中心建设，对接澜湄六国环境保护发展规划，制定“澜湄国家环境合作战略”，制定并实施“绿色澜湄计划”，重点推动大气、水污染防治和生态系统

管理合作，加强与相关次区域机制沟通，加强环境保护能力建设和宣传教育合作，提高民众环保意识。《澜湄合作五年行动计划（2018—2022 年）》的顺利通过，标志着澜湄环境保护合作路线图的正式确定。

随着绿色澜湄计划的正式启动，澜湄环境保护合作中心针对能力建设和联合科研两个领域开展了一系列环保合作。在能力建设方面，从 2016 年开始，澜湄环境保护合作中心先后开展了中国—老挝环境管理研讨班、澜沧江 – 湄公河生态系统管理能力建设研讨会、澜沧江 – 湄公河国家水质监测能力建设研讨会、中国—柬埔寨水环境管理及实践研讨会、澜沧江 – 湄公河淡水生态系统管理国际研讨会、澜沧江 – 湄公河环境合作圆桌对话等一系列环境合作；在联合科研方面，澜湄环境保护合作中心重点开展了澜沧江 – 湄公河可持续基础设施投融资研究、澜沧江 – 湄公河淡水生态系统管理研究与示范两大环境合作科研项目，本次开展的大理洱海淡水生态系统管理研究项目就是澜沧江 – 湄公河淡水生态系统管理研究与示范项目的重要组成部分之一。

位于云南省大理白族自治州的洱海是澜沧江水系的重要组成部分之一，也是目前云南省九大高原湖泊中为数不多的水质较好的湖泊之一，选择其作为水生态系统健康评价的主要对象，对于澜沧江－湄公河淡水生态系统管理研究具有代表性的研究意义，同时也可以通过对其淡水生态系统健康状况的评估研究，为当地淡水生态系统管理提出可行性建议，并将我国淡水生态系统管理经验在澜湄国家进行分享。

4.2 研究方法本地化简介

本项目通过调查洱海水文水环境、生态系统多样性、生态系统服务能力、管理能力以及洱海保护现状等内容，开展洱海淡水生态环境现状分析、保护现状分析以及当地统计体系状况分析等研究，结合目前淡水生态系统健康评价指标体系的相关研究，建立洱海生态系统健康评价指标体系，最后，使用层次分析法（AHP）对指标进行权重赋值，建立具有指标权重赋值的洱海生态健康评价指标体系（图 4-1）。

根据本次洱海实地调研和各部门收资情况，项目组了解到洱海关于水生态系统的统计体系并不完善，若严格按照淡水健康指数（FHI）指标体系来建立洱海的评价体系，地下水储量、泥沙调控、涉水休闲业等指标将无相关部门的统计数据支撑，在今后的指标计算过程中将不具有可操作性。另外，由于本次研究的对象为洱海，其水域污染源具有一定的特殊性，洱海属于高原湖泊，也是云南省典型的旅游胜地，其湖泊健康状况受到旅游业的影响较大，而 FHI 指标体系中没有能直接反映旅游业对淡水生态系统影响的指标，这将无法体现出洱海淡水生态系统的特性。基于以上原因，结合本次实地调研收资的情况，课题组按照“以 FHI 指标体系为基础、体现洱海特色、适当删减可操作性较小的指标”的原则，对 FHI 指标进行了“本地化”调整，以使本研究建立的洱海淡水生态系统评价指标体系在兼顾可比性和可操作性的基础上，尽力体现出洱海特色。

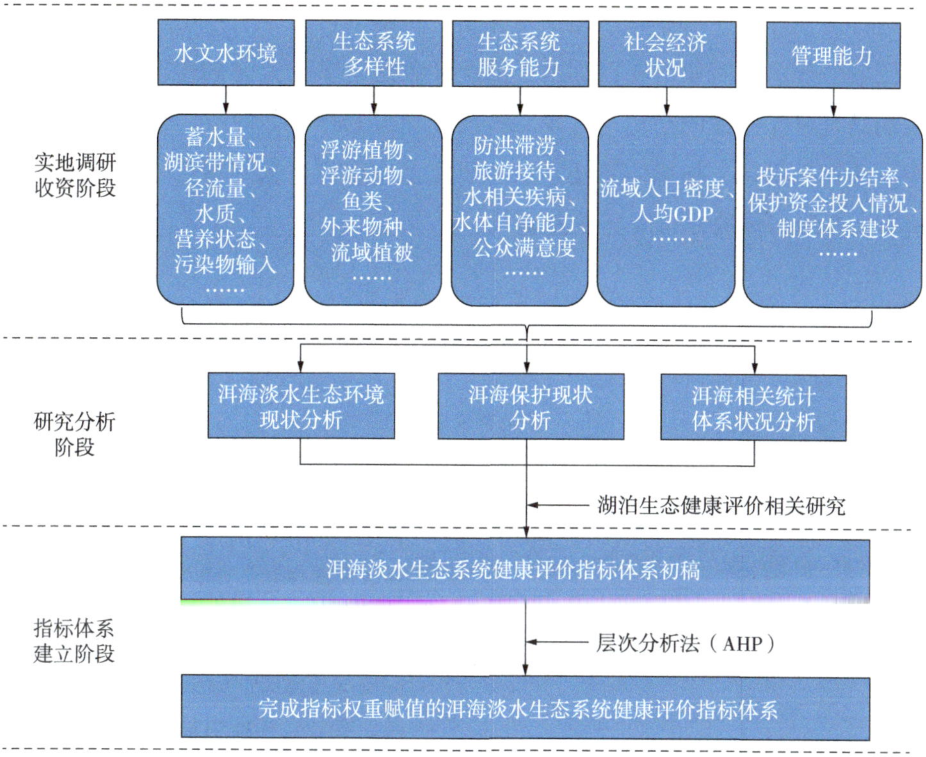

图 4-1　洱海淡水生态系统健康评价指标体系建立技术路线

本研究针对 FHI 指标的调整，首先是保持三大指标分类，即生态系统生命力、生态系统服务及管理与利益相关方不变，其次删除了部分无统计数据支撑或不适用于湖泊评价的二级指标，最后结合调研收资情况和洱海保护相关规划，新增了部分洱海特色指标，并将部分无统计数据支撑的二级指标改为其他能反映 FHI 一级指标情况的具有可操作性的二级指标，详细的调整情况如下：

一级指标在管理能力建设方面将 FHI 涉及的各项指标合并为管理能力建设指标，其余大部分一级指标均与 FHI 指标体系保持一致。二级指标中与天然径流的差异、河道改变程度两项指标由于是对河流生态系统进行评价的指标，与湖泊评价无关，故删除；泥沙调控指标由于无相关统计数据支撑，无法进行量化评价，故删除；地下水储量、供给的可靠性、年均用水压力、保护区域、涉水休闲业 5 项指标由于无统计数据支撑改为与 FHI 二级指标相对应的具有可操作性的指标；其余二级指标均与 FHI 指标对应，或是对 FHI 指标的细化和量化。指标体系建立后的研究工作也将根据调整后的指标体系来进行，二级指标的变化情况见表 4-1。

表 4-1　二级指标的变化情况

序号	FHI 二 / 三级指标	本研究二级指标	说明
生态系统生命力			
1	与天然径流的差异	—	课题组查阅相关资料后认为该指标是针对河流的评价指标，而非湖泊的，因此不引用
2	地下水储量	湖泊最低生态水位满足程度（ML）	在本次调研中，了解到大理白族自治州相关部门并没有洱海地下水储量的统计资料，因此考虑到指标评价的可操作性，结合现有的湖泊健康评价研究成果，在二级指标中采用了与 FHI 二级指标“地下水储量”相对应的湖泊最低生态水位满足程度与湖泊萎缩情况两项指标
		湖泊萎缩情况（ASC）	
3	水质	水质分类	与 FHI 指标对应，本研究的二级指标是 FHI 水质指标的细化结果； 按照 FHI 的体系，单纯的“水质”指标是无法完全表征水生态系统的健康状况的，因此本研究在结合以往研究经验和大理洱海保护“十三五”规划相关指标的基础上，将水质指标进一步进行了细化
		耗氧有机物状况	
		溶解氧浓度	
		综合营养状态指数（TLI）	
		水华影响面积	
		年均污染物输入	
		环湖旅游业污水处理率	
		城市及农村生活垃圾无害化处理率	

续表

序号	FHI 二 / 三级指标	本研究二级指标	说明
4	河道改变程度	—	课题组查阅相关资料后认为该指标是针对河流的评价指标，而非湖泊的，因此不引用
5	天然地表覆盖变化	湖滨带人工干扰程度 流域植被覆盖度	该指标与 FHI 指标对应，是对 FHI 指标的细化
6	关注物种数量和趋势的变化	浮游植物密度 浮游动物生物损失指数 鱼类生物损失指数	该指标与 FHI 指标对应，是对 FHI 指标的细化
7	入侵物种和有害物种数量和趋势的变化	外来物种影响	该指标与 FHI 指标对应，是对 FHI 指标的细化
生态系统服务			
8	年均用水压力	水功能区水质达标率	根据此次调研数据收集情况，大理白族自治州相关部门并未专门针对洱海供水的情况进行统计，无法获取洱海的供水量数据，因此结合现有研究和我国湖泊生态系统健康评价试点工作的情况，将其替换为水功能区水质达标率指标，该指标表征湖泊水能满足水资源开发利用的情况，指标越高，则越能满足开发利用，与 FHI 对于湖泊供水能力的评价要求保持一致
9	供给的可靠性		
10	供消费的生物质量	水产品产量	与 FHI 指标对应
11	泥沙调控	—	目前大理白族自治州相关部门对于洱海的统计体系并不完善，没有针对洱海底部沉积泥沙的变化情况进行统计，因此，考虑到评价的可操作性，没有将该指标纳入
12	水体污染物过滤	水体自净能力	与 FHI 指标对应
13	防洪减灾	生态系统削峰或滞洪能力（水量调节能力）	与 FHI 指标对应

续表

序号	FHI 二 / 三级指标	本研究二级指标	说明
14	疾病调控	水相关疾病发病率	与 FHI 指标对应
15	保护区域	流域旅游接待能力	目前大理白族自治州相关部门并没有在 FHI 中提到的“河岸和湿地内由于文化原因被划为某种保护用地的面积”和“人们在淡水生态系统相关休闲娱乐上所花的时间”上做统计，因此结合现有的研究结果和大理本地情况，将“保护区域”和“涉水休闲业”替换为“流域旅游接待能力”和“旅游业收入占总 GDP 的百分比”
16	涉水休闲业	旅游业收入占总 GDP 的百分比	
—	—	流域保护区范围内人口密度	课题组认为此三项指标也是反映 FHI 一级指标“生态系统服务”的重要方面之一，因此进行了增加
—	—	流域人均 GDP	
—	—	公众满意度	
管理与利益相关方			
17	水资源管理	水污染或其他与水相关问题的投诉处理办结率	与 FHI 指标对应
18	财务能力	财务能力	与 FHI 指标保持一致
19	资源使用权	管理能力建设	FHI 指标中此部分的指标都偏向于主观性，可量化评价程度较差，因此课题组对于此部分的可操作性进行细化，采用湖滨带人工干扰程度指标的扣分评价方式，将 FHI 涉及的 10 个管理方面的三级指标归并为“管理能力建设”指标，同时将 FHI 的三级指标作为“管理能力建设”指标的扣分评价项来进行评估（如 FHI 的“执行和遵守情况”指标成为“相关保护规划和条例执行差”这一扣分项），同时根据 FHI 三级指标对于湖泊水生态环境影响程度的不同，赋予了各个扣分项不同的扣分分值，以此对管理能力进行综合评价，使得该部分的指标可量化
20	激励制度与规则		
21	技术能力		
22	信息获取		
23	决策制定过程中的参与		
24	战略规划和适应性管理		
25	监测和学习机制		
26	执行和遵守情况		
27	利益分配		
28	水相关冲突		

因此，经过本地化调整后的大理洱海淡水健康评价指标体系包括生态系统生命力、生态系统服务、管理与利益相关方 3 大类，总共 29 项，见表 4-2。

表 4-2　洱海淡水生态系统健康评价指标一览

序号	一级指标	二级指标	三级指标	简要说明
1	生态系统生命力	水量	湖泊最低生态水位满足程度（ML）	每年湖泊水位位于最低水位之上的天数，天数越多说明湖泊状态越良好
2			湖泊萎缩情况（ASC）	每年湖泊面积的变化情况，指标越大表明湖泊萎缩越厉害
3		水质	水质分类	水质类别（Ⅰ类、Ⅱ类、Ⅲ类、Ⅳ类、Ⅴ类）情况，表明湖泊水质状况
4			耗氧有机物状况	水中氨氮、高锰酸盐和生化需氧量的浓度，指标越高则水体越不健康
5			溶解氧浓度	水中溶解氧的含量，溶解氧含量越高则湖泊越健康
6		富营养化程度	综合营养状态指数（TLI）	表征湖泊富营养化的程度，指标越高，说明湖泊富营养化越严重，水质越不健康
7			水华影响面积	表征蓝藻水华暴发的影响面积，面积越大越严重
8		水体纳污及污染物处理情况	年均污染物输入	表征污染物输入湖泊的量，污染物输入量超过水环境承载力则导致水质恶化
9			环湖旅游业污水处理率	表征旅游业污水排放对湖泊的影响，若处理率较低，则说明湖泊有可能被污染
10			城市及农村生活垃圾无害化处理率	表征环湖垃圾排放对湖泊的影响，若处理率较低，则说明湖泊有可能被污染

续表

序号	一级指标	二级指标	三级指标	简要说明
11	生态系统生命力	流域受干扰情况	湖滨带人工干扰程度	表征人类活动（如开客栈、采砂、建设环湖公园）等对湖泊的影响程度，人类活动越多则受干扰程度越大
12			流域植被覆盖度	湖泊周围植被的覆盖程度，指标越高则说明流域健康状况越好
13		生物多样性	浮游植物密度	水中藻类的生物量，指标越高说明其可能暴发水华的程度越高，则湖泊越不健康
14			浮游动物生物损失指数	水中浮游动物的消失情况，消失的种类越多，则说明其生物多样性受到影响越大
15			鱼类生物损失指数	水中鱼类的消失情况，消失的种类越多，则说明其生物多样性受到影响越大
16			外来物种影响	表示外来物种对湖泊的影响，外来物种入侵情况越严重，则湖泊越不健康
17	生态系统服务	供给能力	水功能区水质达标率	表征湖泊水能满足水资源开发利用的情况，指标越高，则越能满足开发利用
18			水产品产量	表征洱海水产品的供给能力
19		调度与支持能力	水体自净能力	湖泊的自我净化能力，自净能力越高说明抗干扰能力越强
20			生态系统削峰或滞洪能力（水量调节能力）	表征防洪涝灾害的能力，指标越高则防洪能力越好
21			水相关疾病发病率	表征水相关疾病（如登革热、疟疾、隐孢子虫病、血吸虫病）的发病情况，指标越高则湖泊越不健康

续表

序号	一级指标	二级指标	三级指标	简要说明
22	生态系统服务	文化服务能力	流域旅游接待能力	表征游客数量有无超过旅游承载力，超过承载力越多，则湖泊被干扰的可能性就越大
23			旅游业收入占总GDP的百分比	表征旅游业的发展情况，间接表征湖泊带给人类的文化服务能力
24		社会经济	流域保护区范围内人口密度	人口密度越大，则湖泊受到污染的可能性就越大
25			流域人均GDP	表征流域的经济发展情况
26		公众满意度	公众满意度	表征公众对湖泊生态环境的满意程度
27	管理与利益相关方	使能环境	水污染或其他与水相关问题的投诉处理办结率	表征湖泊管理执法的力度
28			财务能力	表征湖泊保护资金投入的情况，投入资金越多，说明越重视保护
29		管理能力建设	管理能力建设	表征相关部门的管理能力，如制定保护规划、制定政策、开展信息公开等，管理能力越好则湖泊可能受污染的风险越小

洱海淡水生态系统健康评价指标体系的权重赋值采用层次分析法（AHP）进行。通过组织湖泊研究领域专家和研究人员、环境管理政策研究相关领域科研人员对指标体系进行打分，结合层次分析法的分析计算，最终得出洱海淡水生态系统健康评价指标体系的权重赋值。

4.3 研究内容与结果分析

4.3.1 生态系统生命力指标

生态系统生命力指标是综合水量、水质、富营养化程度、水体纳污及污染物处理情况、流域受干扰情况和生物多样性的指标，反映了洱海淡水生态系统本身物理、化学、生物等特性，可以体现生态系统结构的完整性和稳定性。该指标综合得分为 86.35 分，表明洱海淡水生态系统经过近两年的治理，前期退化情势得到了逆转，生态系统结构稳定性较好。

4.3.1.1 水量

水量的稳定是生态系统健康持续发展的重要基础，该指标通过湖泊最低生态水位满足程度和湖泊萎缩情况两个指标进行反映。该指标综合得分为 100 分，说明洱海水量充足，满足洱海生态系统健康保障最低水量要求。

（1）湖泊最低生态水位满足程度（ML）

基于湖泊可正常运行的最低水位，将评价年日平均水位与最低水位进行比较并根据赋值标准进行评分，赋值标准见表 4-3。

表 4-3 湖泊最低生态水位赋值标准

计算结果	得分
年内 365 日日平均水位均高于 ML	100
日平均水位低于 ML，但 3 日平均水位不低于 ML	80
3 日平均水位低于 ML，但 7 日平均水位不低于 ML	60
7 日平均水位低于 ML，但 14 日平均水位不低于 ML	40
14 日平均水位低于 ML，但 30 日平均水位不低于 ML	20
30 日平均水位低于 ML	0

由于洱海 2017 年逐日水位数据无法获取，所以本指标采用已出版文献中的 2015 年逐月水位数据进行简化计算[①]。根据获取的 2015 年水位数据，洱海还未出现低于法定最低水位的情况，年平均水位高程为 1 965.61 m，此项指标的得分为 100 分。

① 杨艳鲜，张丹，雷宝坤，等．洱海近岸菜地浅层地下水动态变化特征及影响因素［J］．灌溉排水学报，2017（36）：101-109.

（2）湖泊萎缩情况（ASC）

基于湖泊水面面积在评估年相较于历史参考年的变化情况计算后根据赋值标准进行评分，计算方法见式（4-1），赋值标准见表 4-4。

$$ASC = 1 - \frac{\text{评估年湖泊水面面积}}{\text{历史参考年湖泊水面面积}} \tag{4-1}$$

表 4-4 湖泊萎缩情况赋值标准

计算结果	得分
0 ≤ ASC < 0.05	100～80
0.05 ≤ ASC < 0.1	80～60
0.1 ≤ ASC < 0.15	60～40
0.15 ≤ ASC < 0.25	40～20
0.25 ≤ ASC < 0.4	20～0

2017 年洱海水面面积为 248.35 km^2，1996 年水面面积为 211.83 km^2，2017 年洱海水面面积大于 1996 年水面面积，因此洱海水面面积没有出现萎缩情况，湖泊萎缩情况（ASC）指标得分为 100 分。

4.3.1.2 水质

水质是水体质量的简称。它反映着水体的物理（如色度、浊度、臭味等）、化学（无机物和有机物的含量）和生物（细菌、微生物、浮游生物、底栖生物）的特性及其组成的状况。水质影响着水的利用方式和生态系统服务供给的多寡，是淡水生态系统健康的决定性因素。本指标综合考虑水质分类、耗氧有机物状况、溶解氧浓度等因素，最终得分为 93.51 分，说明洱海水质情况较好。

（1）水质分类

基于洱海近年水质指标监测数据，根据《地表水环境质量标准》（GB 3838—2002）确定洱海全年水质类别，对应不同水质类别赋值标准进行评分，赋值标准见表 4-5。

表 4-5　不同水质类别赋值标准

水质类别	得分
Ⅰ	—
Ⅱ	100
Ⅲ	80
Ⅳ	50
Ⅴ	20
劣Ⅴ	0

注:《洱海保护治理与流域生态建设“十三五”规划（2016—2020 年）》及《关于开启抢救模式全面加强洱海保护治理工作的实施意见》中要求 2020 年洱海水质目标达到Ⅱ类。

根据洱海水质监测数据，除总氮、总磷浓度属Ⅲ类水质外，其余指标均在Ⅰ类水质范围内。根据《地表水环境质量评价办法（试行）》(环办〔2011〕22 号)，洱海全年水质属Ⅲ类，根据赋值标准，水质分类指标得分为 80 分。

（2）耗氧有机物状况

耗氧有机物会直接导致水中溶解氧含量下降，耗氧有机物状况是直接反映湖泊水质的重要指标，主要包括高锰酸盐指数、五日生化需氧量以及氨氮 3 项，通过比较上述 3 项指标的评价年监测数据与评分标准后对该指标进行评分，计算方法见式（4-2），赋值标准见表 4-6。

$$\text{耗氧有机物状况得分}=\frac{\text{高锰酸盐指数得分}+\text{五日生化需氧量得分}+\text{氨氮得分}}{3} \tag{4-2}$$

表 4-6　不同耗氧有机物含量赋值标准

氨氮 /（mg/L）	五日生化需氧量 /（mg/L）	高锰酸盐指数 /（mg/L）	得分
0.15～0.5	3～3.5	2～4	100～80
0.5～1	3.5～4	4～6	80～60
1～1.5	4～6	6～10	60～30
1.5～2	6～10	10～15	30～0

2017 年洱海高锰酸盐指数、五日生化需氧量和氨氮 3 个指标的监测值分别为 3.36mg/L、2.06 mg/L 和 0.11 mg/L，对应赋值标准进行评分，高锰酸盐指数、五日生化需氧量和氨氮 3 个指标的得分分别为 86.4 分、100 分和 100 分，根据耗氧有机物状况得分计算公式得出耗氧有机物状况得分为 95.47 分。

（3）溶解氧浓度

湖水中溶解氧的含量将直接影响水生生物的生存和繁殖，通过比较溶解氧的评价年监测数据与评分标准后对该指标进行评分，赋值标准见表 4-7。

表 4-7　不同溶解氧浓度赋值标准

溶解氧浓度 /（mg/L）	得分
5～6	80～100
3～5	60～80
2～3	30～60
0～2	0～30

2017 年洱海溶解氧监测值为 7.78 mg/L，根据赋值标准，溶解氧浓度指标得分为 100 分。

4.3.1.3　富营养化程度

富营养化是由于水体中氮、磷营养物质的富集，引起藻类及其他浮游生物的迅速繁殖，使水体溶解氧含量下降，造成藻类、浮游生物、植物和鱼类衰亡甚至绝迹的污染现象。本指标使用综合营养状态指数和水华影响面积进行表征，综合得分为 87.32 分，表明洱海发生大面积水华的可能性较小。

（1）综合营养状态指数（TLI）

综合营养状态指数是根据湖泊中相应监测指标的情况，反映湖泊富营养化程度的一项重要指标，主要包括总氮、总磷、叶绿素 a、高锰酸盐指数、透明度等指标，按照中国环境监测总站发布的《湖泊（水库）富营养化评价方法及分级技术规定》（总站生字〔2001〕090 号）进行计算，赋值标准见表 4-8。

表 4-8　不同综合营养状态指数赋值标准

综合营养状态指数	备注	得分
＜ 30	贫营养	100
30 ≤ TLI ≤ 50	中营养	80
50 ＜ TLI ≤ 60	轻度富营养	50
60 ＜ TLI ≤ 70	中度富营养	20
＞ 70	重度富营养	0

根据《地表水环境质量评价办法（试行）》（环办〔2011〕22 号）附件中的方法计算综合营养状态指数，所需指标为叶绿素 a 浓度（Chl a）、总磷（TP）、总氮（TN）、透明度（SD）、高锰酸盐指数（COD_{Mn}）。计算方法见式（4-3）。

$$\mathrm{TLI}=\sum_{j=1}^{m}W_j\times \mathrm{TLI}_{(j)} \tag{4-3}$$

式中：TLI 为综合营养状态指数；W_j 为第 j 种参数的营养状态指数的权重；$\mathrm{TLI}_{(j)}$ 为第 j 种参数的营养状态指数。

以 Chl a 为基准参数，则第 j 种参数的归一化的相关权重计算公式为：

$$W_j=\frac{r_{ij}^2}{\sum_{j}^{m}r_{ij}^2} \tag{4-4}$$

式中：r_{ij} 为第 j 种参数与基准参数 Chl a 的相关系数；m 为评价参数的个数。

中国湖泊（水库）的 Chl a 与其他参数之间的相关系数见表 4-9。

表 4-9　中国湖泊（水库）部分参数与 Chl a 的相关系数 R_{ij} 和 R_{ij}^2

参数	Chl a	TP	TN	SD	COD_{Mn}
R_{ij}	1	0.84	0.82	−0.83	0.83
R_{ij}^2	1	0.705 6	0.672 4	0.688 9	0.688 9

各参数营养状态指数计算公式如下：

$$\mathrm{TLI}(\mathrm{Chl\ a})=10(2.5+1.086\ln \mathrm{Chl\ a}) \tag{4-5}$$

$$\text{TLI}(\text{TP})=10(9.436+1.624\ln\text{TP}) \tag{4-6}$$

$$\text{TLI}(\text{TN})=10(5.453+1.694\ln\text{TN}) \tag{4-7}$$

$$\text{TLI}(\text{SD})=10(5.118-1.94\ln\text{SD}) \tag{4-8}$$

$$\text{TLI}(\text{COD}_{\text{Mn}})=10(2.5+1.086\ln\text{COD}_{\text{Mn}}) \tag{4-9}$$

式中：Chl a 单位为 mg/m^3；SD 单位为 m；其他指标单位均为 mg/L。

表 4-10 TLI 计算过程值

参数	Chl a	TP	TN	SD	COD_{Mn}
浓度	14.45	0.028 75	0.608 3	1.75	3.355
ln	2.67	−3.55	−0.50	0.56	1.21
$TLI_{(j)}$	54.00	36.72	64.01	40.32	38.15
W_j	0.27	0.19	0.18	0.18	0.18
TLI	47.13				

通过计算得到洱海 2017 全年综合营养状态指数值为 47.13（表 4-10），为中营养状态，根据综合营养状态指数赋值标准得到洱海 2017 年综合营养状态指数得分为 80 分。

（2）水华影响面积

水华影响面积直接表征了湖泊富营养化的情况，按照《洱海保护治理与流域生态建设“十三五”规划（2016—2020 年）》，其目标值为影响面积小于 20%，赋值标准见表 4-11。

表 4-11 不同水华影响面积赋值标准

水华影响面积 /%	得分
＜ 20	80～100
20～23	60～80
23～26	30～60
26～30	10～30
＞ 30	0

调研未获取2017年水华影响面积的官方数据，与洱海七大行动指挥部相关工作人员交流得知2017年洱海水华影响面积小于5%。根据赋值标准，水华影响面积指标得分为95分。

4.3.1.4　水体纳污及污染物处理情况

外部污染物输入是造成洱海淡水生态系统退化的主要原因，本指标综合年均污染物输入、环湖旅游业污水处理率、城市及农村生活垃圾无害化处理率指标进行评价，综合得分为91.01分。

（1）年均污染物输入

年均污染物输入直接影响了湖泊水体的纳污情况，其与水环境承载力密切相关，若年均污染物输入超过水环境承载力则湖泊水质将持续恶化。该指标主要包括COD、总氮、总磷、氨氮的年均输入量，赋值标准以洱海水环境污染物承载力为基础设定，赋值标准见表4-12，该指标计算方法见式（4-10）。

$$年均污染物输入得分=\frac{COD得分+总氮得分+总磷得分+氨氮得分}{4} \quad （4-10）$$

表4-12　不同年均污染物输入赋值标准

COD/（t/a）	总氮/（t/a）	总磷/（t/a）	氨氮/（t/a）	得分
11 864	1 200	110	285	100
15 423.2	1 560	143	370.5	80
18 982.4	1 920	176	456	50
22 541.6	2 280	209	541.5	20
23 728	2 400	220	570	0

注：该指标100分档次的各污染物的输入量是“十三五”洱海水质要求的水环境承载力目标。

由《洱海保护治理与流域生态建设“十三五”规划（2016—2020年）》可知2015年COD、氨氮、总氮、总磷的输入量，查询赋值标准可得各分项得分，见表4-13。

表 4-13　入湖污染物输入量及得分统计

污染物种类	COD	总氮	总磷	氨氮
输入量 / (t/a)	10 654	1 873	142	419
对应分项得分	100	52.5	80	68

根据公式计算得到洱海年均污染物输入指标的得分为 75.13 分。

（2）环湖旅游业污水处理率

环湖旅游业污水处理率用于表征环湖旅游产业污水的处理情况，该指标能直接表征入湖污染物的源头控制情况，指标评价基于《洱海保护治理与流域生态建设“十三五”规划（2016—2020 年）》中洱海环湖旅游业污水处理率 2020 年的目标进行评估，赋值标准见表 4-14。

表 4-14　环湖旅游业不同污水处理率赋值标准

污水处理率达到 /%	得分
95	100
77	80
59	50
40	20
0	0

注：《洱海保护治理与流域生态建设“十三五”规划（2016—2020 年）》中要求洱海环湖旅游业污水处理率 2016 年为 40%，2020 年为 95%。

从《大理市 2017 年国民经济和社会发展统计公报》获悉，大理市污水集中处理率达到 94.92%。根据赋值标准，环湖旅游业污水处理率指标的得分为 96.29 分。

（3）城市及农村生活垃圾无害化处理率

城市及农村生活垃圾无害化处理率指标直接反映了洱海流域生活垃圾的处理情况，可以表征入湖垃圾的源头控制情况，指标评价基于《洱海保护治理与流域生态建设“十三五”规划（2016—2020 年）》中城市及农村生活垃圾无害化处理率 2020 年的目标进行评估，赋值标准见表 4-15。

表 4-15　不同城市及农村生活垃圾无害化处理率赋值标准

城市及农村生活垃圾无害化处理率达到 /%	得分
94.5	100
91.7	80
88.9	50
86	20
0	0

注:《洱海保护治理与流域生态建设“十三五”规划（2016—2020 年）》中要求城市及农村生活垃圾无害化处理率 2016 年城市为 96%，农村为 80%，2020 年城市为 99%，农村为 90%。

从《大理市 2017 年国民经济和社会发展统计公报》获悉，大理市全年生活垃圾无害化处理率达到 100%。根据赋值标准，城市及农村生活垃圾无害化处理率指标得分为 100 分。

4.3.1.5　流域受干扰情况

流域受干扰情况指标主要表征人为活动对流域景观格局的干扰情况，本指标综合湖滨带人工干扰程度和流域植被覆盖情况进行评价，本指标综合得分为 67.85 分，表明流域受人为活动干扰情况较为严重，需对流域景观进一步修复。

（1）湖滨带人工干扰程度

湖滨带人工干扰程度表征了湖泊湖滨带受到人类活动干扰的程度，主要对湖岸带硬性砌护、采砂、沿岸建筑物、公路或铁路、垃圾填埋场、河滨公园、管道、农业耕种、畜牧养殖九大类人工活动进行评估，满分 100 分，若有上述活动则进行相应扣分，直到 0 分。赋值标准见表 4-16。

表 4-16　湖滨带不同人工干扰程度赋值标准

人类活动类型	所在位置 /m		
	河道内	湖岸带	湖岸带邻近区域（30 m 以内）
湖岸带硬性砌护		−5	
采砂	−30	−40	

续表

人类活动类型	所在位置 /m		
	河道内	湖岸带	湖岸带邻近区域（30 m 以内）
沿岸建筑物	−15	−10	−5
公路或铁路	−5	−10	−5
垃圾填埋场		−60	−40
河滨公园		−5	−2
管道	−5	−5	−2
农业耕种		−15	−5
畜牧养殖		−10	−5

根据遥感数据并结合现场调研对洱海湖滨带周围存在的人类活动类型进行测距和判定。人工干扰情况如表 4-17 所示，根据遥感解译与现场调查结果，湖滨带人工干扰程度的得分为 65 分。

表 4-17　洱海湖滨带人工干扰扣分情况统计

序号	人类活动类型	距离湖泊的距离 /m	扣分分值
1	沿岸建筑物	4	10
2	公路或铁路	18	5
3	河滨公园	0	5
4	管道	3	5
5	农业耕种	29	5
6	湖岸带硬性砌护	0	5
总得分	65		

（2）流域植被覆盖度

流域植被覆盖度表征了湖泊流域植被的生长情况，也间接表征了流域的水源涵养能力，主要以流域内植被覆盖率来进行表征，赋值标准见表 4-18。

表 4-18　不同流域植被覆盖度赋值标准

植被覆盖率 /%	备注	得分
0～10	植被十分稀疏	0～20
10～20	植被稀疏	20～40
20～40	中度覆盖	40～60
40～60	重度覆盖	60～80
60～75	极重度覆盖	80～100

从《洱海保护治理与流域生态建设“十三五”规划（2016—2020 年）》获悉，洱海流域植被覆盖度在 2015 年达到 50.36%，随着洱海流域保护力度的不断加大，未来洱海流域的植被覆盖度还会呈持续增加的趋势，通过查询流域植被覆盖度指标赋值标准，洱海流域植被覆盖度指标得分为 70 分。

4.3.1.6　生物多样性

生物多样性反映了淡水生态系统的动植物种类的丰富程度，是表征淡水生态系统结构稳定性的重要指标。本指标综合浮游植物密度、浮游动物生物损失指数、鱼类生物损失指数和外来物种 4 个指标进行评价，综合得分为 75.87 分，表明洱海淡水生态系统生物多样性水平良好，生态系统稳定性良好。

（1）浮游植物密度

浮游植物密度直接表征了湖水水体中藻类的数量，可以通过叶绿素 a 的浓度来间接反映，赋值标准见表 4-19。

表 4-19　不同浮游植物密度赋值标准

叶绿素 a 浓度 /（mg/L）	得分
0.001～0.005	80～100
0.005～0.010	70～80
0.010～0.064	40～70
0.064～0.4	20～40
0.4～1.0	0～20

通过查询2017年洱海湖泊（水库）水质监测结果可知，2017年洱海年平均叶绿素a浓度为0.014 45 mg/L，根据浮游植物密度指标赋值标准得到浮游植物密度指标得分为70分。

（2）浮游动物生物损失指数

浮游动物生物损失指数用于表征湖泊中浮游动物种群的变化情况，用浮游动物生物种类数的变化情况来进行表征。计算方法见式4-11，赋值标准见表4-20。

$$\text{浮游动物生物损失指数}=1-\frac{\text{评价年浮游动物种类数}}{\text{历史参考年浮游动物种类数}} \tag{4-11}$$

表4-20　不同浮游动物损失指数赋值标准

浮游动物生物损失指数	得分
0～0.2	80～100
0.2～0.4	60～80
0.4～0.6	40～60
0.6～0.8	20～40
0.8～1.0	0～20

从洱海保护治理业务知识学习资料汇编可知，洱海浮游动物以广布种和温带种为主，浮游型种类较多，底栖型和附着型种类较少。2017年洱海共有轮虫类、枝角类、桡足类、原生动物4大类57属82种。根据王苏民和窦鸿身（1998）[①]的研究结果可知，1998年洱海共有浮游动物88种。计算得到浮游动物生物损失指数为0.068，对比赋值标准，洱海浮游动物生物损失指数指标得分为90分。

① 王苏民，窦鸿身．中国湖泊志［M］．北京：科学出版社，371-374.

（3）鱼类生物损失指数

鱼类生物损失指数用于表征湖泊中鱼类种类的变化情况，用鱼类种类数的变化情况来进行表征，计算方法见式 4-12，赋值标准见表 4-21。

$$鱼类生物损失指数=1-\frac{现存鱼类种类数}{历史参考年鱼类种类数} \tag{4-12}$$

表 4-21　不同鱼类生物损失指数赋值标准

鱼类生物损失指数	得分
0～0.15	80～100
0.15～0.25	60～80
0.25～0.4	40～60
0.4～0.75	10～40
0.75～1	0～10

20 世纪 50 年代，洱海鱼类共有 17 种，其中鲤科 12 种，约占总数的 70%；鳅科 3 种；青鳉科和合鳃科各 1 种，且全部为土著鱼类。20 世纪 60 年代至 70 年代，人工放养草鱼、鲢鱼、鳙鱼的同时也混入了其他一些杂鱼，洱海鱼类由 17 种增加到 30 种，打破原有生态平衡，对土著鱼类的增殖和发展造成了很大影响①。由《洱海保护治理业务知识学习资料汇编》查得，洱海现有鱼类 12 科 24 属 29 种，其中外来种 21 种；土著种 8 种。计算获得鱼类生物损失指数为 0.033，根据赋值标准，该指标得分为 98 分。

（4）外来物种影响

外来物种影响指标表征的是外来入侵物种对湖泊生态系统的干扰程度，外来入侵物种增加会直接导致湖泊原有食物链遭到破坏，生物多样性发生变化，赋值标准见表 4-22。

① 何彦敏，杨堂亮，刘杰，等．洱海鱼类资源现状调查研究［J］．楚雄师范学院学报，2010，25（3）：53–58.

表 4-22 不同外来物种影响指标赋值标准

外来物种情况	得分
基本没有外来物种	100
外来物种具有小规模	80
外来物种和本地物种相当	60
外来物种已经取得优势地位	40
外来物种基本取代本地物种	0

单以鱼类来看，洱海共有外来种 21 种，约占到鱼类种类总数的 72%，外来物种已经取得优势地位，根据外来物种指标赋值标准获得外来物种影响指标得分为 40 分。

4.3.2 生态系统服务指标

生态系统服务是基于生态系统结构所能提供的供给、调节、文化等服务功能，本指标综合供给能力、调度与支持能力、文化服务能力、社会经济和公众满意度 5 个指标进行评价。本指标综合得分为 82.28 分，生态系统服务供应能力良好。

4.3.2.1 供给能力

供给能力表征生态系统提供达标水资源及水产品的能力，该指标综合水功能区水质达标率和水产品产量 2 个指标进行评价，综合得分为 67.33 分。

（1）水功能区水质达标率

水功能区水质达标率直接反映了湖泊水质满足水资源开发利用和生态环境保护需要的状况，用湖泊水质达到生态功能区要求水质的次数百分比来进行表征。计算方法见式（4-13），赋值标准见表 4-23。

$$水功能区水质达标率=\frac{评价年达到水质目标的总次数}{评价年监测的总次数}\times 100\% \qquad (4\text{-}13)$$

表 4-23　不同水功能区水质达标率赋值标准

水功能区水质达标率 /%	得分
80～100	80～100
60～80	60～80
40～60	40～60
20～40	20～40
0～20	0～20

根据大理白族自治州环境监测站提供的 2017 年洱海 11 个站点的监测数据，每个站点每月监测 2 次，评价年总次数 11 × 12 × 2=264 次，其中达到水质目标Ⅱ类水 176 次，达标率为 176/264 ≈ 66.67%。

（2）水产品产量

水产品产量是表征水生态系统供给能力的指标之一，水产品产量高则说明其供给能力较强，赋值标准见表 4-24。

表 4-24　不同水产品产量赋值标准

水产品产量 /t	得分
6 001～8 000	80～100
4 001～6 000	60～80
2 001～4 000	40～60
1 001～2 000	20～40
0～1 000	0～20

注：相关资料表明 2011 年以来洱海水产品产量平均可以达到 8 000 t。

根据大理白族自治州 2017 年国民经济和社会发展统计公报，评价年的水产品产量为 4 943 t，按照赋值标准该指标得分为 69 分。

4.3.2.2　调度与支持能力

调度与支持能力表征生态系统对生态过程的调控能力，综合水体自净能力、水量调节能力和水相关疾病发病率3个指标进行评价，该指标综合得分为94.13分，表明洱海淡水生态系统具有较好的调度与支持能力。

（1）水体自净能力

水体自净能力直接表征了湖泊水生态系统对外界污染物的自我调节与净化能力，是水生态系统维持稳态的重要功能。由于洱海入湖支流较多且分布较为分散，因此通过湖泊上游入水口污染物浓度监测数据与下游出水口污染物浓度监测数据的比较来对水体自净能力进行评价的方法并不适用，本书通过对比入湖河流水质情况与全湖水质情况来进行洱海水体自净能力的评估。

洱海共有入湖河流35条，以2017年全流域污染形势较为严重的7月为例进行水体自净能力分析。35条入湖河流中，断流河流6条，Ⅴ类水或劣Ⅴ类水19条，Ⅳ类水2条，Ⅲ类水4条，Ⅱ类水4条。2017年7月洱海全湖水质属Ⅲ类水，说明洱海具有较好的水体自净能力，该指标赋值90分。

（2）生态系统削峰或滞洪能力（水量调节能力）

生态系统削峰或滞洪能力是表征湖泊防洪滞涝能力的重要指标，也是表征湖泊生态系统水量调节能力的重要指标，该指标使用湖泊水量调节能力评价模型进行评分。计算方法及赋值标准如下（表4-25）：

采用湖泊水量调节能力评价模型（云贵高原区）[①]计算，并与云贵高原区域湖泊平均水量调节能力进行比较后评分。

$$\ln(C_r)=0.927\ln(A)+4.904 \tag{4-14}$$

式中：C_r为湖泊水量调节量，单位万m^3；A为评价年湖泊面积，单位km^2。

① 饶恩明，肖燚，欧阳志云，等．中国湖泊水量调节能力及其动态变化［J］．生态学报，2014，34（21）：6225–6231.

表 4-25 不同湖泊水量调节能力赋值标准

湖泊水量调节能力 /（万 m^3/km^2）	得分
97.37	100
68.16	80
38.95	50
9.74	20
0	0

根据洱海综合协调组及监测技术组 2017 年数据，当法定最低水位为 1 964.3 m 时，湖泊面积 A=244.5 km^2；当法定最高水位为 1 966.0 m 时，湖泊面积 A=252.2 km^2，2017 年洱海平均面积为 248.35 km^2。经计算 2017 年湖泊水量调节量 C_r=22 381.72 万 m^3，湖泊水量调节能力为 90.12 万 m^3/km^2，按照赋值标准该指标得分为 95.04 分。

（3）水相关疾病发病率

水相关疾病发病率是表征湖泊是否成为主要水相关疾病传播媒介的主要指标，该指标采用登革热、疟疾、隐孢子虫病、血吸虫病的发病率进行评估，计算方法见式（4-15），赋值标准见表 4-26。

$$\text{单项疾病发病率}=\frac{\text{评价年流域内新发现的感染人数}}{\text{评价年流域内年平均人数}}\times 100\%$$

$$\text{总发病率}=\frac{\text{登革热发病率}+\text{疟疾发病率}+\text{隐孢子虫病发病率}+\text{血吸虫病发病率}}{4} \tag{4-15}$$

表 4-26 不同水相关疾病发病率赋值标准

水相关疾病发病率 /%	得分
近三年发病率呈现下降趋势或无发病	100
近三年发病率无显著差异	80
发病率显著超过近三年发病率	50
发病率显著超过近三年发病率且涉及地区较广	20

根据大理白族自治州相关部门统计，2014—2016 年全州无登革热病例，

疟疾发病情况如表 4-27 所示，血吸虫病流行区内达到血吸虫病传播阻断标准的行政村数量占比为 82%，达到传播控制标准的行政村数量占比为 18%，血吸虫病发病率降至历史最低，未发现新增感染病例。综上分析可知各项疾病近 3 年发病率呈现下降趋势，该指标得分为 100 分。

表 4-27　洱海流域涉及县市 2014—2016 年疟疾发病情况

地区	年份	发病数	恶性疟	间日疟	其他	死亡数	感染地来源
大理	2014	8	6	2	0	0	境外输入病例
	2015	6	3	2	1	0	
	2016	2	2	0	0	0	
洱海	2014	无疟疾疾病					
	2015						
	2016						

4.3.2.3　文化服务能力

文化服务能力表征生态系统能够为民众提供的美学感官享受，该指标主要通过综合流域旅游接待能力和旅游业收入占比 2 个指标进行评价，该指标综合得分为 89.24 分，表明洱海淡水生态系统的文化服务能力较强。

（1）流域旅游接待能力

流域旅游接待能力是评价湖泊流域旅游对湖泊生态系统影响的指标之一，该指标通过将洱海流域年最大承载旅游人数与评价年旅游接待人数进行比较后进行评估，与苍山洱海自然保护区规划中旅游环境容量进行对比评分。赋值标准见表 4-28。

表 4-28　不同旅游接待人数赋值标准

旅游接待人数情况 / 万人	得分
> 2 452	100
2 064.9～2 452	80
1 677.8～2 064.8	50

续表

旅游接待人数情况 / 万人	得分
1 290.5～1 677.7	20
< 1 290.5	0

注：1 290.5 万人为苍山洱海自然保护区规划中洱海流域部分的景区每年最大承载人数。

根据大理白族自治州 2017 年国民经济和社会发展统计公报，2017 年接待旅游人数为 2 100 万人，赋值 80 分。

（2）旅游业收入占总 GDP 的百分比

旅游业收入占总 GDP 的百分比直接表征了洱海对大理白族自治州旅游业的贡献能力，该指标用旅游业收入占总 GDP 的比重进行表征。计算方法见式（4-16），赋值标准见表 4-29。

$$旅游业收入占总GDP的百分比=\frac{流域旅游业总收入}{大理白族自治州总GDP}\times 100\% \quad (4\text{-}16)$$

表 4-29　不同旅游业收入占比赋值标准

比例 /%	得分
45	100
31.5	80
18	50
4.5	20
3	0

注：45% 为 2017 年大理白族自治州第三产业占总 GDP 的比重。

根据大理白族自治州 2017 年国民经济和社会发展统计公报，2017 年旅游业收入为 647.8 亿元，全州 GDP 为 1 066.5 亿元，因此旅游业收入占比为 60.7%，得分为 100 分。

4.3.2.4　社会经济

社会经济指标表征了洱海对当地社会经济发展的支撑作用，该指标主要通过综合流域保护区范围内人口密度以及流域人均 GDP 2 个指标进行评价，综合得分为 73.43 分。

（1）流域保护区范围内人口密度

流域保护区范围内人口数量是表征流域内常住人口对湖泊影响的重要指标之一，该指标使用流域保护区内人口密度来进行评估。计算方法见式（4-17），赋值标准见表 4-30。

$$流域保护区内人口密度=\frac{流域内总人口}{流域面积} \tag{4-17}$$

表 4-30　保护区内不同人口密度赋值标准

保护区内人口密度 /（人 /km^2）	得分
< 200	80～100
200～400	60～80
400～600	40～60
600～800	20～40
> 800	0～20

根据大理市 2017 年国民经济和社会发展统计公报，大理市 2017 年人口数量为 630 466，面积为 1 468 km^2，计算得到人口密度为 429.47 人 /km^2，根据赋值标准该指标得分为 57 分。

（2）流域人均 GDP

流域人均 GDP 指标是评价湖泊流域内生产力发展的重要指标。计算方法见式（4-18），赋值标准见表 4-31。

$$流域人均GDP=\frac{评价年总GDP}{评价年末平均人数} \tag{4-18}$$

表 4-31　不同流域人均 GDP 指标赋值标准

流域人均 GDP/（万元 / 人）	得分
> 5	80～100
3～5	60～80
2～3	40～60
1～2	20～40
< 1	0～20

根据大理市2017年国民经济和社会发展统计公报，大理市2017年GDP达到3 796 845万元，总人口630 466人，人均GDP达到60 223元，按照赋值标准，该指标得分为90分。

4.3.2.5 公众满意度

公众满意度是表征公众对湖泊相关服务能力满意程度的指标，采用公众打分法进行评估。本项指标得分通过问卷调查获得，调查问卷详见附录12，赋值标准见表4-32。

表4-32 不同公众满意度赋值标准

类别	说 明	得分
很满意	湖泊水质很干净，湖滩上树草数量很多，湖中鱼类数量多，湖边游玩的游客数量很少	100
满意	湖泊水质一般，湖滩上树草数量较多，湖中鱼类数量较多，湖边游玩的游客数量较少	80～100
基本满意	湖泊水质有些脏，湖滩上树草数量一般，湖中鱼类数量较少，湖边游玩的游客数量较多	60～80
不满意	湖泊水质比较脏，湖滩上树草数量较少，湖中鱼类数量较少，湖边游玩的游客数量比较多	30～60
很不满意	湖泊水质很脏，湖滩上树草数量很少，湖中鱼类数量很少，很多以前有的鱼没有了，湖边游玩的游客数量很多（拥挤）	0～30

公众满意度指标表征周边群众对当前生态系统状态的直观感受和主观满意度，该指标主要通过问卷调查的方式进行评价，此次公众满意度调查问卷共发放了70份，收回70份，涉及政府相关部门、当地居民和游客、洱海研究人员等群体，其中洱海政府相关部门30份，当地居民和游客36份，洱海研究人员4份。

政府相关部门以洱海七大行动指挥部和大理市环境监测站工作人员为主，

七大行动指挥部的工作人员中包括了洱海流域管理局、水文水资源局、自然资源局、住建局、农业农村局等部门的工作人员。当地居民和游客包括了下关镇和古城区的居民、在洱海边经营店铺的商户、退休老人以及外地游客等群体。洱海研究人员包括从事或曾经从事过洱海水环境保护相关工作的科研机构研究人员。

问卷调查结果如下（部分选项占比较小，此处未给出具体数据）。

政府相关部门：政府相关部门样本群体文化程度主要为本科和本科以上，职业分布以行政单位和事业单位为主，在洱海污染是否严重的问题中，33.3%的人员认为还好，33.3%的人员认为污染较轻，30%的人员认为污染较重；对于洱海存在的环境问题，有53.3%的人员认为是农业污染，30.0%的人员认为是旅游开发污染；对于洱海的总体满意度，有46.6%的人员认为基本满意，40.0%的人员认为满意。

当地居民和游客：当地居民和游客样本群体文化程度分布较广，各层次文化程度均有涉及，职业分布以企业、自由职业以及其他职业（退休居民老人）为主，在洱海污染是否严重的问题中，50%的居民认为还好，25%的居民认为污染较轻；对于洱海存在的环境问题，有55.5%的居民认为是旅游开发污染，22.2%的居民认为是小作坊废水排放污染；对于洱海的总体满意度，有47.2%的居民认为基本满意，36.1%的居民认为满意。

洱海研究人员：洱海研究人员样本群体文化程度均为本科以上，职业全部为事业单位，在洱海污染是否严重的问题中，25.0%的人员认为还好，50%的人员认为污染较轻，25%的人员认为污染较重；对于洱海存在的环境问题，有50%的人员认为是农业污染，25.0%的人员认为是旅游开发污染，25%的人员认为是畜禽养殖污染；对于洱海的总体满意度，有50.0%的人员认为基本满意，50.0%的人员认为不满意。

从全部样本的汇总来看，对于洱海水环境总体满意度的评价，47.14%的调查对象表示基本满意，35.71%的调查对象表示满意，11.43%的调查对象表示很满意，5.71% 的调查对象表示不满意。

根据统计结果，在表示对洱海水环境基本满意的样本中，有 41.94% 的调查对象认为洱海污染程度还好，有 64.51% 的调查对象认为洱海湖滩上的树草数量一般，有 48.39% 的调查对象认为洱海中的鱼类数量和种类一般，有 48.39% 的调查对象认为来洱海旅游的游客数量比较多，因此对比评分标准，公众满意度这一项的得分为 80 分。

4.3.3 管理与利益相关方指标

洱海管理部门相关保护管理政策及利益相关者的活动直接影响到淡水生态系统健康状况，该指标主要通过使能环境和管理能力建设 2 个指标进行综合评价。该指标综合得分为 95.79 分，表明洱海保护力度不断加大，管理水平与利益相关者参与洱海保护的力度都有了较大提升。

4.3.3.1 使能环境

使能环境表征管理部门对破坏生态系统健康问题的治理程度和用于保护洱海的资金投入，主要通过综合水污染或其他与水相关问题的投诉处理办结率和财务能力进行评价，该指标综合得分为 92.59 分，表明相关管理部门对洱海保护的保障力度较好。

（1）水污染或其他与水相关问题的投诉处理办结率

水污染或其他与水相关问题的投诉处理办结率直接反映了洱海管理部门对于洱海水域出现的相关问题的解决能力，是表征洱海流域管理部门管理能力的重要指标，该指标采用洱海监察大队相关投诉案件办结率进行评估。计算方法见式（4-19），赋值标准见表 4-33。

$$办结率=\frac{评价年办结案件数}{评价年总案件数}\times 100\% \tag{4-19}$$

表 4-33　不同案件办结率赋值标准

案件办结率 /%	得分
100	100
80	80
60	50
40	20
20	0

根据大理白族自治州生态环境局“12369”环保投诉举报受理情况，2017 年全年案件办结率为 82.11%，根据赋值标准该指标得分为 82.11 分。

（2）财务能力

财务能力指标通过对评价年内洱海保护投入的资金数额进行评价比较后打分，赋值标准见表 4-34。

表 4-34　不同财务能力赋值标准

保护资金投入 / 亿元	得分
达到 13.52	100
达到 10.82	80
达到 8.11	50
达到 5.41	20
达到 2.70	0

注：《洱海保护治理与流域生态建设“十三五”规划（2016—2020 年）》中要求年均洱海保护经费投入量为 13.52 亿元，5 年总投入 67.59 亿元（不含市场化运作和 PPP 项目）。

从大理市 2017 年政府工作报告获悉[①]，大理市按照“四治一网”的工作思路，加大洱海保护治理工作力度，启动实施环湖截污一期工程等 15 个重点项目，完成投资 23.15 亿元；扎实推进城乡统一供水、洱海主要入湖河道综合治理等项目，全年投入洱海保护治理资金 31.07 亿元，超过整个“十二五”期

① http://www.yndali.gov.cn/index.php?m=content&c=index&a=show&catid=82&id=13523.

间的总和，是洱海保护治理投入最多的一年。按照赋值标准，该指标得分为100分。

4.3.3.2 管理能力建设

管理能力建设指标主要对洱海保护和管理工作中涉及的包括出台激励措施、建立完备的自动监测系统及数据收集系统、信息公开、公众参与、制定完善的湖泊保护规划、相关保护规划和条例的执行程度、开展流域生态补偿、发生由水资源引起的规模性群体事件或投诉8类管理工作开展的情况进行评估。满分100分，根据上述管理能力建设的情况进行相应扣分，直到0分，赋值标准见表4-35。

表 4-35　不同管理能力赋值标准

项目	扣分
未出台湖泊保护激励措施	10
未建立完备的自动监测系统及数据收集系统	40
未进行信息公开	20
未开展公众参与	10
未制定完善的湖泊保护规划	50
相关保护规划和条例执行程度低	30
未开展流域生态补偿	10
发生由水资源引起的规模性群体事件或投诉	20

《云南省大理白族自治州洱海保护管理条例》的发布标志着湖泊保护激励措施的出台，同时，大理白族自治州建立了完备的自动监测系统及数据收集系统，进行信息公开，开展公众参与，制定了完善的湖泊保护规划，开展流域生态补偿。项目调研中未发现相关保护规划和条例执行差的情况，也未出现由水资源引起的规模性群体事件或投诉。根据赋值标准，管理能力建设指标得分为100分，表明洱海相关管理部门重视管理能力建设。

4.4 结论和建议

4.4.1 研究结论

本章以典型高原湖泊洱海作为研究对象，基于保护国际基金会开发的淡水健康指数（FHI），调整构建了适用于湖泊淡水生态系统健康评价的指标体系，其中一级指标 3 个，二级指标 13 个，三级指标 29 个。通过实地调研、资料收集和问卷调查等方式获取评估所需数据，对洱海淡水生态系统的健康状况进行了系统评估。

通过综合生态系统生命力指标、生态系统服务指标、管理与利益相关方指标得分，得到洱海淡水生态系统健康评价总得分为 87 分，表明洱海湖泊生态系统结构稳定，功能健全，周边旅游业和人类活动受到严格控制，湖泊生态系统呈可持续发展态势。

生态系统生命力指标得分为 86.35 分，生态系统服务指标得分为 82.28 分，管理与利益相关方指标得分为 95.79 分。上述指标的得分均较高，虽然洱海前期过度开发导致生态系统生命力受损严重，所提供的生态系统服务也有限，但随着 2015 年之后国家加大力度进行洱海保护，洱海淡水生态系统健康状况正在不断改善，生态系统健康已处于较高水平。

4.4.2 洱海生态环境保护对策建议

虽然洱海淡水生态系统经过几年的治理，生态系统健康水平有了很大提升，但洱海流域面临的压力仍然很大，洱海保护工作不能松懈，仍需继续开展如下保护工作：

第一，优化空间布局，合理规划土地利用。以洱海流域水环境承载力为依据，加快编制并调整洱海流域空间规划布局，科学指导流域未来开发进程。根据不同区域空间位置和区位优势，划定功能区，制定与功能区发展相协调的流域开发项目和管理措施。

第二，调整产业结构，发展绿色经济。淘汰落后产能，积极推动发展循环经济，提高各类资源利用效率，提高清洁能源使用比例，减少工业生产副产品和污染废物产出。加快推动流域生态农业建设，重点发展绿色、特色产品种植，改变农药、化肥施用方式，开展生物防治，增加有机肥施用比例，加强农业面源污染防控。控制流域畜禽养殖规模，加强养殖废水、粪便的无害化处置。控制旅游业盲目无序发展，严格审批各类旅游业相关营业资格，提高旅游接待能力和接待水平。

第三，截污治污，减少入湖污染物。提高各类企业污染物排放标准，加强监管，确保达标排放。加强基础设施建设，建立、完善农村和城镇生活污水收集处理管网，提高生活污水和生活垃圾处理率。

第四，进行流域生态系统修复。对流域森林、湿地、河流、湖泊等各类生态系统进行修复，提高生态系统结构和功能稳定性，保障各类生态系统服务的供应。提高生物多样性，减少外来入侵物种对本地生态系统的破坏，减缓并遏制生态系统退化趋势。

参考文献

［1］关学彬，史建康，吕淑果．基于 GIS 和 RUSLE 模型的松涛水库上游水土流失定量分析［J］．中国水土保持，2016（10）：56-59，77.

［2］国家环境保护总局科技标准司．地表水环境质量标准：GB 3838—2002［S］．北京：中国标准出版社，2002.

［3］来明月．西双版纳州传染病流行现状及防治对策［J］．卫生软科学，2008，22（6）：508-511.

［4］任浩天，朱丽蓉，叶长青，等．海南岛松涛水库流域降雨侵蚀力的时空变化趋势［J］．海南大学学报（自然科学版），2018，36（1）：58-68.

［5］王兰新，郭贤明，赵建伟．自然保护区生物多样性监测重点分析——以西双版纳为例［J］．环境科学导刊，2016，35（4）：9-11.

［6］赵明旭，Nalaka G，Daniel H R，等．西双版纳布龙自然保护区勐宋片区附生维管植物多样性与分布特征（英文）［J］．植物分类与资源学报，2015，37（3）：327-338.

［7］中国环境科学研究院．洱海保护治理与流域生态建设“十三五”规划（2016—2020年）［Z］．北京：中国环境科学研究院，2016.

附录 1　FHI 指标评价体系各指标计算方法（西双版纳澜沧江试点）

（一）生态系统生命力

1. 水量

（1）与天然径流的差异（2010—2015 年月均流量）

主要数据来源为 2010—2015 年 SWAT 模型模拟结果。其中天然径流的模拟是将与人为有关的因素剔除，去掉模型模拟中的农田管理措施、水库、点源等数据的添加过程，并将土地利用中的居住点、农田土地利用类型还原成为林草地。

计算公式：

$$\mathrm{HD}=\frac{\sum_{i=1}^{12}\left|m_i-n_i\right|}{\sum_{i=1}^{12}n_i}$$

$$\mathrm{DvNF}=\begin{cases}0, & \mathrm{HD}\geqslant 0.65\\ 100-\dfrac{100}{0.45}(\mathrm{HD}-0.2), & 0.20<\mathrm{HD}<0.65\\ 100, & \mathrm{HD}\leqslant 0.20\end{cases}$$

具体模拟结果见附表 1-1：

附表 1-1　2010—2015 年西双版纳地区径流变化

年份	月份	天然径流（n）	实际流量（m）	$\lvert m-n\rvert$
2010	1	1.213	1.578	0.365
2010	2	0.758	0.851	0.093
2010	3	1.596	3.44	1.844

续表

年份	月份	天然径流（n）	实际流量（m）	$\|m-n\|$
2010	4	4.019	5.616	1.597
2010	5	4.844	6.635	1.791
2010	6	9.066	13.017	3.951
2010	7	37.714	66.699	28.985
2010	8	47.984	68.933	20.949
2010	9	43.082	58.573	15.491
2010	10	40.878	56.939	16.061
2010	11	24.817	35.835	11.018
2010	12	10.296	19.44	9.144
2011	1	1.979	3.58	1.601
2011	2	0.632	0.88	0.248
2011	3	6.17	10.909	4.739
2011	4	4.112	6.498	2.386
2011	5	4.892	7.535	2.643
2011	6	4.068	5.785	1.717
2011	7	17.262	28.595	11.333
2011	8	75.282	100.877	25.595
2011	9	64.044	78.36	14.316
2011	10	54.887	68.23	13.343
2011	11	40.352	50.681	10.329
2011	12	22.059	30.161	8.102
2012	1	6.712	11.496	4.784
2012	2	0.884	1.225	0.341
2012	3	0.651	0.79	0.139
2012	4	0.858	1.167	0.309
2012	5	5.821	9.31	3.489

续表

年份	月份	天然径流（*n*）	实际流量（*m*）	|*m*−*n*|
2012	6	6.909	8.696	1.787
2012	7	38.627	64.472	25.845
2012	8	129.626	152.183	22.557
2012	9	79.146	95.277	16.131
2012	10	86.931	115.482	28.551
2012	11	53.89	61.924	8.034
2012	12	27.636	34.493	6.857
2013	1	6.823	11.351	4.528
2013	2	2.326	3.19	0.864
2013	3	2.733	3.722	0.989
2013	4	2.133	2.886	0.753
2013	5	3.915	5.82	1.905
2013	6	6.968	9.914	2.946
2013	7	20.53	40.013	19.483
2013	8	106.397	138.6	32.203
2013	9	104.798	125.539	20.741
2013	10	98.046	125.201	27.155
2013	11	59.345	64.666	5.321
2013	12	77.876	103.174	25.298
2014	1	29.458	32.42	2.962
2014	2	7.794	9.917	2.123
2014	3	2.324	3.24	0.916
2014	4	2.089	2.681	0.592
2014	5	4.16	5.461	1.301
2014	6	5.945	8.826	2.881
2014	7	11.56	24.074	12.514

续表

年份	月份	天然径流（n）	实际流量（m）	$\|m-n\|$
2014	8	40.544	58.252	17.708
2014	9	40.351	54.979	14.628
2014	10	44.531	65.705	21.174
2014	11	26.087	37.418	11.331
2014	12	12.365	21.935	9.57
2015	1	35.75	50.474	14.724
2015	2	22.713	22.888	0.175
2015	3	18.125	18.879	0.754
2015	4	6.049	6.422	0.373
2015	5	4.774	6.27	1.496
2015	6	4.638	6.213	1.575
2015	7	19.129	34.796	15.667
2015	8	89.196	106.983	17.787
2015	9	117.72	130.595	12.875
2015	10	72.622	86.398	13.776
2015	11	42.031	51.297	9.266
2015	12	21.564	29.768	8.204

则依照公式计算可得：HD=0.310 825；DvNF=75.372 19

（2）地下水储量

主要数据来源为 SWAT 模型的输出结果，利用 SA_ST、DA_ST 两个输出数据，即浅层蓄水层的储量（mmH_2O）以及深层蓄水层的储量（mmH_2O）。计算过程中以两个数据的加和结果表示该区域的地下水状况，见附表 1-2。以 2010—2015 年地下水量是否有明显的下降作为判断该地区是否存在地下水问题的依据，该结果以西双版纳澜沧江主干流地区的子流域为子单元。

同时，以 2015 年 4 月至 2017 年 3 月澜沧江流域的 SMAP 土壤水监测值作为辅证，证明研究期间土壤水的具体状况。

附表 1-2　2010—2015 年西双版纳地区地下水变化情况

子流域	2010 年	2011 年	2012 年	2013 年	2014 年	2015 年	趋势
1	53 778.31	53 670.72	53 631.24	54 068.27	53 756.1	53 891.53	基本不变
2	42 219.12	42 133.25	42 103.38	42 415.64	42 198.73	42 291.13	基本不变
3	54 070.24	54 153.66	54 168.99	54 368.3	54 088.64	54 129.13	基本不变
4	66 066.43	66 159.83	66 152.28	66 341.01	66 053.41	66 126.93	基本不变
5	119 625.9	119 792.8	119 783.3	120 184.7	119 625.9	119 729.4	基本不变
6	48 058.71	48 144.44	48 127.75	48 298.48	48 070.88	48 111.1	基本不变
7	102 106.8	102 244	102 237.8	102 563.8	102 127.8	102 196.6	基本不变
8	54 068.79	54 165.02	54 151.22	54 342.63	54 084.43	54 131.63	基本不变
9	30 027.43	30 062.84	30 044.15	30 132.16	30 029.27	30 046.54	基本不变
10	54 066.69	54 166	54 155.91	54 345.59	54 082.58	54 127.73	基本不变
11	107 166.9	107 209.2	107 264.6	107 524.4	107 228.4	107 276.4	基本不变

根据附表 1-2 中的数据可知，2010—2015 年西双版纳地区地下水无明显变化，然而，经相关座谈会专家建议，可结合实际情况，给予该指标 95 分的成绩，表明该流域地下水储量较高，但仍有少量消耗。

2. 水质

水质指标的计算选取了四种水体污染物，分别为总氮、总磷、高锰酸盐指数、阴离子表面活性剂，以《地表水环境质量标准》（GB 3838—2002）的Ⅲ类水体污染物浓度限值为标准，应用 WQI 法计算。该指标得分为 100 分，表明研究流域水质良好，详见附表 1-3。

附表 1-3　选取水体污染物Ⅰ～Ⅲ类地表水环境质量标准

项目		Ⅰ类	Ⅱ类	Ⅲ类
总磷（以 P 计）	≤	0.02 （湖、库 0.01）	0.1 （湖、库 0.025）	0.2 （湖、库 0.05）
总氮（湖、库，以 N 计）	≤	0.2	0.5	1.0
高锰酸盐指数	≤	2	4	6
阴离子表面活性剂	≤	0.2	0.2	0.2

3. 流域情况

（1）河道改变程度（GIS，大坝、建筑等）

该指标由洄游鱼类联合树突连接性指数 c_{DCI} 及河道改变对洄游通道的影响 p_{CM} 组成。c_{DCI} 衡量的是河网的纵向连通性，而 p_{CM} 衡量的是河网的横向连通性。经相关专家建议，本指标的最终得分为 c_{DCI} 和 p_{CM} 的平均值。

通过 GIS 得到各干流、支流的长度以及靠近河口的水系长度，如附图 1-1 所示，蓝色线代表河流。

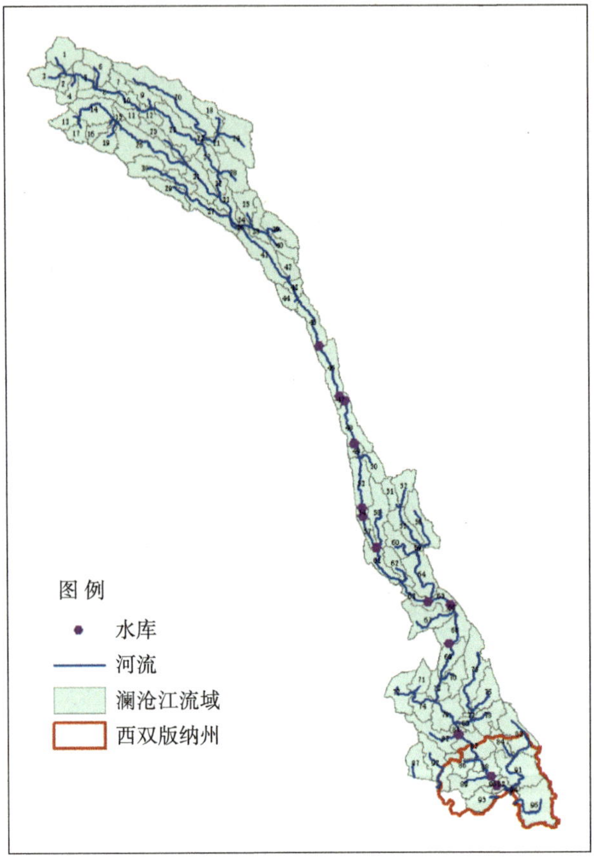

附图 1-1　澜沧江流域河流分布示意

计算公式：

$$DCI_{\mathrm{p}}=\sum_{i=1}^{n}\frac{L_i^2}{L^2}$$

$$DCI_{\mathrm{d}}=\frac{L_i}{L}$$

$$c_{\mathrm{DCI}}=\left(\frac{w_{\mathrm{p}}DCI_{\mathrm{p}}+w_{\mathrm{d}}DCI_{\mathrm{d}}}{w_{\mathrm{p}}+w_{\mathrm{d}}}\right)\times 100$$

$$p_{\text{CM}}=\left(1-\frac{\sum_{i=1}^{n} l_i pCM_i}{L}\right)\times 100$$

计算过程：

DCI_p 计算中 L_i 为各支流的长度，分别为 26.5 km、58 km、61.9 km、37.7 km、113.1 km，L 为干流长度 154.6 km，依照公式计算可得：DCI_p=0.93。

DCI_d 计算中 L_i 为靠近河口的水系长度，为 10.4 km，L 为干流长度 154.6 km，依照公式计算可得：DCI_d=0.067。

c_{DCI} 的计算中 w_p 与 w_d 为淡水系统中鱼种的估值，依照澜沧江流域鱼类的丰富度，将 w_p、w_d 均估值为 1，则依照公式计算可得：c_{DCI}=49.61。

p_{CM} 的计算中 p 值在华能澜沧江水电股份有限公司的建议下进行估值，p=0，则依照公式计算可得：p_{CM}=100。

因此，该指标得分为 c_{DCI} 与 p_{CM} 的平均值，为 74.8 分。

（2）天然地表覆盖变化

自然性指数是根据人类活动导致的转变来描述流域内的土地利用 / 土地覆盖的状态和趋势，是从完全自然到完全人工的一个梯度（范围 0～100）。

主要数据来源：澜沧江 2010 年土地覆盖数据；自然性分类程度表（附表 1-4）；澜沧江子流域文件；澜沧江 2010 年归一化植被指数 NDVI 数据。

附表 1-4　自然性分类程度

自然性程度	水循环管理	污染物排放	植被特点	实例	权重
自然和半自然	无	无	原生	森林；湖泊湿地；天然草地；天然灌丛	100
栽培辅助系统	低	低	混合、高多样性	混合自然植被（>50%，耕地 <50%）	70

续表

自然性程度	水循环管理	污染物排放	植被特点	实例	权重
栽培辅助系统	低	低	混合、中等多样性	混合耕地（>50%，自然植被 <50%）	60
转换系统	低	低	长期覆盖非典型物种	长期型草场；农田林场；乔木作物	50
	低到中	中到高	季节性覆盖非典型物种	非灌溉型耕地	40
	高	中到高	季节性覆盖非典型物种	长期灌溉型耕地	30
完全人工	高	中到高	稀疏覆盖草地	城市公园；低密度郊区；贫瘠地区	10
	高	高	无	城市商业区；矿区	0

主要计算过程：

①审查修改自然性权重；

②将土地覆盖代码与自然性分类程度表中的分类相连接；

③利用自然性分类程度表对输入文件中的土地利用 / 覆盖进行分类和权重赋值，将赋值后的土地利用 / 覆盖根据权重进行重分类，该流域整体的自然性指数为重分类后栅格数据的平均值；

④在子流域水平上计算平均自然性指数。

利用推荐的子流域划分范围计算每一个子流域的自然性指数平均值，利用空间统计工具进行子流域水平的平均值和标准差的统计。将结果同子流域矢量图相连接后出图，主要结果见附表 1-5、附图 1-2 和附图 1-3：

附表 1-5 西双版纳州子流域平均值与标准差统计

子流域	平均值	标准差
1	50.000 000 000 00	7.003 400 534 57
2	48.812 154 696 10	8.283 516 635 07
3	47.601 626 016 30	8.562 291 917 74
4	48.483 870 967 70	11.686 416 067 40
5	49.584 775 086 50	12.914 434 001 20
6	52.592 592 592 60	9.941 530 023 31
7	51.436 285 097 20	7.923 755 247 02
8	50.540 540 540 50	10.052 818 872 10
9	48.846 153 846 20	3.997 040 325 16
10	52.584 269 662 90	10.903 364 070 90
11	50.249 480 249 50	6.137 723 302 58

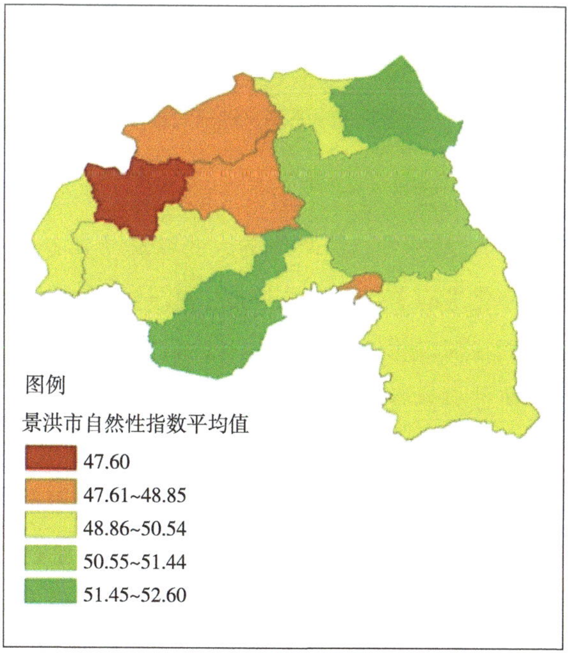

附图 1-2 西双版纳州子流域平均值分布示意

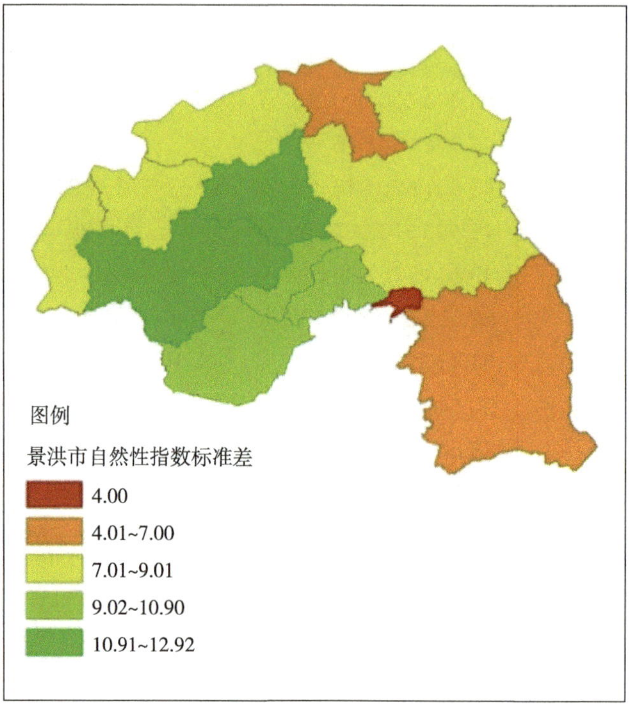

附图 1-3　西双版纳州子流域标准差分布示意

人类对土地和水路的转变与污染物负荷的增加（来自农业的非点源、来自城市和工业的点源）、渗透和径流环境的改变以及调节功能的丧失（洪水缓解、侵蚀预防、水净化）有关。因此自然性指数是一个代理指数，用于描述这些自然发生的功能在流域里被保存的程度。自然性指数高，表明人类对流域干扰的程度低，流域自然功能被保存得较为完善；自然性指数低，表明人类对流域的干扰较大，流域自身的自然功能被破坏得较为严重。

西双版纳区域的自然性指数平均值为 50.25，参照表中自然性分类程度可以看出，该区域整体处于转换系统。这表明区域中人为干扰较大，自然功能保存的程度中等。该地区自然性指数分值与 100 相差较多主要是由于区域西部人为干扰较大，自然性指数较低。

4. 生物多样性

（1）关注物种数量和趋势的变化

主要数据来源为《自然保护区生物多样性监测重点分析——以西双版纳为例》。

计算公式：

$$I_{\mathrm{TE},i}=\begin{cases}1-\dfrac{n_{\mathrm{TE},i}}{10}, 0\leqslant n_{\mathrm{TE},i}\leqslant 8\\0.1, n_{\mathrm{TE},i}\geqslant 9\end{cases}$$

$$\Delta \mathrm{SC}_i=\frac{\mathrm{SC}_{i-1}}{\mathrm{SC}_i}$$

$$\Delta N_{i,j}=\ln\left(\frac{N_{i,j}}{N_{i-1,j}}\right)$$

$$\overline{\Delta N_i}=\frac{1}{n_i}\sum_{j=1}^{n_i}\Delta N_{i,j}$$

$$\mathrm{PT}_i=\exp(\overline{\Delta N_i})$$

$$\mathrm{ISC}_i=\min\left\{\mathrm{ISC}_{i-1}\sqrt{I_{\mathrm{TE},i}\times\Delta \mathrm{SC}_i\times \mathrm{PT}_i},100\right\}$$

计算过程：由文献可知，研究流域濒危物种数目大于 9，则 $I_{\mathrm{TE},i}$=0.1；$\Delta \mathrm{SC}_i$ 为每一种濒危物种的种群数量变化，而查阅文献及相关资料显示，西双版纳保护区为全国优先保护生态系统，保护力度大，保护区内濒危物种得到妥善保护，物种数量并未减少，所以依照公式可得 $\Delta \mathrm{SC}_i$=1；同样并无资料显示保护区内濒危物种种群数量有明显的起伏，所以依照公式可得 $\Delta N_{i,j}$=0；$\overline{\Delta N_i}$ =0；则 PT_i=1，因此，依照《FHI 用户手册 v1.0》ISC_i=100。经相关专家建议，可结合实际情况，给予该指标 95 分的成绩，表明该流域生物多样性保存程度较好，但也较小程度地受到了人类活动的影响。

（2）入侵物种和有害物种数量和趋势的变化

主要数据来源为文献资料《自然保护区生物多样性监测重点分析——以

西双版纳为例》，由资料可知，西双版纳已知的外来入侵物种为 75 种。

计算公式：

$$I_{\mathrm{IN},i}=\begin{cases}1-\dfrac{n_{\mathrm{TE},i}}{10},0\leqslant n_{\mathrm{TE},i}\leqslant 8\\0.1,n_{\mathrm{TE},i}\geqslant 9\end{cases}$$

$$\Delta\mathrm{IN}_i=\frac{\mathrm{IN}_{i-1}}{\mathrm{IN}_i}$$

$$\Delta N_{i,j}=\ln\left(\frac{N_{i-1,j}}{N_{i,j}}\right)$$

$$\overline{\Delta N_i}=\frac{1}{n_i}\sum_{j=1}^{n_i}\Delta N_{i,j}$$

$$\mathrm{IPT}_i=\exp(\overline{\Delta N_i})$$

$$\mathrm{INS}_i=\min\left\{\mathrm{INS}_{i-1}\sqrt{I_{\mathrm{IN},i}\times\Delta\mathrm{IN}_i\times\mathrm{IPT}_i},100\right\}$$

计算过程：由文献可知，研究流域已知的外来入侵物种有 75 种，大于 9，则 $I_{\mathrm{IN},i}$=0.1，同理，INS_i=100。

依照生物多样性的计算公式：

$$\mathrm{BIO}_i=\sqrt{\mathrm{ISC}_i\times\mathrm{INS}_i}=100$$

经相关专家建议，可结合实际情况，给予该指标 95 分的成绩，表明该流域存在外来物种或有害物种入侵现象，但均得到了有效控制。

（二）生态系统服务

生态系统服务部分主要考量三个维度：F_1，没有满足相关需求的流域；F_2，这些流域没有满足相关需求的频率；F_3，这些流域内可提供的服务与需求之间的差距。计算方式如下：

如果只能确定 F_1，则 ESI=100–F_1（可信度较低）；

如果只能确定 F_1 和 F_2，则 $\mathrm{ESI}=100-\sqrt{(F_1^2+F_2^2)/2}$（中等可信度）；

如果 F_1、F_2、F_3 均能确定，则

$$\mathrm{ESI} = 100 - \sqrt{(F_1^2 + F_2^2 + F_3^2)/3}$$

1. 供给

（1）年均用水压力

本指标以干旱情况表示研究流域出现了年均用水压力，以行政单位乡镇为子单元，西双版纳全州共有 32 个行政乡镇，全州面积为 2 937.37 万亩。

根据《云南水利年鉴》可知，2015 年上半年，全州未发生严重的干旱灾害，5 月底出现轻度干旱，山区、半山区局部地方出现人畜饮水困难。

2014 年上半年，全州未发生严重的干旱情况，但因气候异常，高温，各地降雨分布不均，1 市 2 县部分山区、半山区乡镇遭受不同程度的局部干旱，全州受旱面积 18.2 万亩。

2013 上半年全州遭受不同程度的干旱。

2012 年上半年，由于高温少雨，全州 1 市 2 县均遭受不同程度的干旱，尤其是勐海出现重度干旱。

2011 年无干旱情况。

则统计得到相应的 F_1、F_2、F_3 值分别为：

F_1 没有满足水需求的地方：0.62；

F_2 没有满足水需求的月频率：21.67；

F_3 供应区别：未评价。

则依照公式计算可得：ESI=84.67。

（2）供水的可靠性

根据《云南水利年鉴》可知，虽各年份干旱情况不一，但面对旱情，全州采取多种措施，确保了大灾之年农业不减收，可见供水的可靠性。

统计得到相应的 F_1、F_2、F_3 值分别为：

F_1 供水不可靠的地方：0；

F_2 供水不可靠的月频率：0；

F_3 供应区别：未评价。

则依照公式计算可得：ESI=100。

经相关专家建议，可结合实际情况，给予该指标 95 分的成绩，表明该流域虽然存在少量干旱情况，但旱情得到了有效及时控制，未对当地居民生产生活造成影响。

（3）可供消费的生物质量

主要数据来源为《补远江的鱼类栖息地调查研究结果》，且已知 2012—2016 年该流域举办了 24 次渔业增殖放流活动，5 年共计向澜沧江流域天然水域投放鱼苗 725.2 万尾。可见对于西双版纳地区，人类从淡水生态系统获取的鱼类、野生水产及其他物质的能力是有保障的，一直未减弱。

则统计得到相应的 F_1、F_2、F_3 值分别为：

F_1 捕获 / 生产力下降的地方：0；

F_2 捕获 / 生产力下降的频率：0；

F_3 捕获 / 生产力下降的程度：未评价。

则依照公式计算可得：ESI=100。

经相关专家建议，可结合实际情况，给予该指标 95 分的成绩，表明该流域虽然由于人类活动导致可供消费的生物质量比天然状态下有所减少，但由于管理方增殖放流等活动，保障了该流域可供消费的生物质量。

2. 调控与支持

（1）泥沙调控

主要计算方法为：根据 SWAT 模型的输出结果，计算研究区内每年每个子流域的沉积物量，以 2010—2015 年各子流域泥沙沉积是否上升作为判断该地区是否存在泥沙沉积问题的依据。该结果以西双版纳地区的子流域为子单元，详见附表 1-6。

附表 1-6　2010—2015 年各子流域泥沙沉积情况变化　单位：t/a

子流域	2010 年	2011 年	2012 年	2013 年	2014 年	2015 年	沉积物变化趋势
1	0	0	0	0	0	0	无变化
2	12 203 000	22 867 000	24 260 000	44 500 000	26 113 000	64 702 000	上升
3	0	0	0	0	0	0	无变化
4	6 898 000	12 179 000	15 959 000	20 332 000	6 610 000	12 847 000	上升（部分年份下降）
5	2 000	0	0	10 000	1 000	0	无明显变化
6	−6 000	9 879 000	14 327 000	20 228 000	336 000	7 481 000	下降
7	14 222 800	23 611 700	30 249 500	47 676 000	17 140 200	32 421 000	上升
8	−4 000	0	0	0	0	0	无明显变化
9	−7 000	−7 000	−2 950	−4 090	−3 250	−5 000	无明显变化
10	0	0	0	0	0	0	无明显变化
11	250 000	160 000	190 000	360 000	177 000	150 000	下降

则统计得到相应的 F_1、F_2、F_3 值分别为：

F_1 沉积物出现问题的地方：20；

F_2 沉积物出现问题的月频率：0；

F_3 沉积物出现问题的程度：未评价。

则依照公式计算可得：ESI=80。

（2）水过滤

国家环境保护总局 2002 年颁布了《地表水环境质量标准》（GB 3838—2002），将水质分类评价，若水质标准劣于Ⅲ类，即水质为Ⅳ类或Ⅴ类则视为该地区污染物浓度超出阈值，具体标准详见附表 1-7。

根据 2012—2016 年《西双版纳州环境监测站地表水监测结果》，可以发现研究期间西双版纳每月的统计数据，总磷、总氮、高锰酸盐指数以及阴离子表面活性剂这四个研究指标均优于或达到Ⅲ类，并未出现超出阈值的指标数据。

附表 1-7 地表水环境质量标准

项目		Ⅰ类	Ⅱ类	Ⅲ类	Ⅳ类	Ⅴ类
总磷（以 P 计）	≤	0.02（湖、库 0.01）	0.1（湖、库 0.025）	0.2（湖、库 0.05）	0.3（湖、库 0.1）	0.4（湖、库 0.2）
总氮（湖、库，以 N 计）	≤	0.2	0.5	1	1.5	2
高锰酸盐指数	≤	2	4	6	10	15
阴离子表面活性剂	≤	0.2	0.2	0.2	0.3	0.3

则统计得到相应的 F_1、F_2、F_3 值分别为：

F_1 超出阈值的地区：0；

F_2 超出阈值的频率：0；

F_3 超出阈值的程度：未评价。

则依照公式计算可得：ESI=100。

（3）防洪减灾

本评价根据研究流域的洪涝情况来进行防洪减灾的指标计算，以行政单位乡镇为子单元，西双版纳全州共有 32 个行政乡镇，全州共计 2 937.37 万亩。

根据《云南水利年鉴》可知，2015 年 7—9 月，受主汛期强降雨影响，全州不同程度受灾；

2014 年 7 月 20—23 日的强降雨过程，受灾严重，9 月 17—18 日强降雨受灾。两次强降雨期间，全州普降大到暴雨，2 县 1 市共 24 个乡镇不同程度受灾。

2013 年 6 月 24 日、8 月 4 日、8 月 24 日受热带风暴残留低压影响，以及 12 月 15—16 日受冬季最强暴雨影响，全州出现多次强降水天气过程。全州 1 市 2 县共 27 个乡镇不同程度受灾，受灾人口 16.36 万人，紧急转移 218 人。

2012 年 7 月 26 日受第 8 号台风“韦森特”减弱西移低压影响，共造成全州 28 个乡镇、4.55 万人不同程度受灾；8 月 19 日受第 13 号台风“启德”西移低压影响，州境内普降大到暴雨，最大降雨量为 12 h 降雨 165.6 mm，造成全州 18 个乡镇、1.18 万人不同程度受灾。2 次灾害共紧急转移受灾人口 1 040 人，死亡 1 人、受伤 4 人。

2011 年入汛后州内局部区域出现“7 · 14”“8 · 24”洪涝灾害，其主要特征是区域性单点暴雨突出，州内景洪市、勐海县、勐腊县不同程度受灾，勐海县受灾较为严重。

则统计得到相应的 F_1、F_2、F_3 值分别为：

F_1 遭受洪涝灾害的地方：0.28；

F_2 遭受洪涝灾害的月频率：21.67；

F_3 遭受洪涝灾害的程度：未评价。

则依照公式计算可得：ESI=84.68。

（4）疾病调控

根据《云南省西双版纳州 2012—2016 年霍乱监测汇总表》的统计结果可以发现，2012—2016 年西双版纳州未出现水相关的疾病。

则统计得到相应的 F_1、F_2、F_3 值分别为：

F_1 发生疾病的地区：0；

F_2 发生疾病的频率：0；

F_3 发生疾病的程度：未评价。

则依照公式计算可得：ESI=100。

3. 文化

（1）保护区域

西双版纳州的自然保护区由勐腊、尚勇、勐仑、勐养、曼搞互不相连的 5 片组成，总面积约 24.12 万 hm^2，约占自治州总面积的 12%。其中勐养子保护区 9.93 万 hm^2，勐仑子保护区 1.12 万 hm^2，勐腊子保护区 9.29 万 hm^2，尚勇子保护区 3.05 万 hm^2，曼搞子保护区 7 304 hm^2。西双版纳自然保护区始建于 1958 年；1980 年，重新调整并扩大范围；1981 年，省政府重新区划调整。

这一部分指标是指河岸和湿地内由于其文化重要性被定义为保护区域的面积。因难以确定西双版纳州的保护区哪些是根据文化而设定的，而云南的水相关文化十分著名，且整个研究区域均属于保护区，故此指标 ESI=100，同理，经相关专家建议，该指标得分为 95 分，表明了研究流域的保护区建设较为完善。

（2）涉水休闲业

此部分代表人们花在与淡水生态系统相关的休闲活动上的时间，该部分指标得分通过设计、分发、分析调查问卷所得。

共发放问卷 20 份，收回有效问卷 15 份，经统计，每个月进行与淡水生态系统相关休闲活动次数大于 7 次或者每次花费在与淡水生态系统相关的休闲活动上时间大于 2 h 的人数有 8 人，则此指标 ESI=53.33。

（三）管理与利益相关方

管理与利益相关方指标得分通过组织填写并分析《管理与利益相关方调查问卷》的方式获得。调查问卷发放情况为：当地政府 7 份，主要发放对象为西双版纳环保局、监测站工作人员；研究机构 9 份，主要发放对象为云南大学、昆明科技大学、西南林业大学、中国电建集团昆明勘测设计研究院有限公司水环境与生态院相关研究人员；企业 6 份，主要发放对象为景洪市给排水有限责任公司、西双版纳景阳橡胶有限责任公司、景洪市江南污水处理厂相关负责人员；社区 3 份，主要发放对象为傣族村寨和其他当地居民。

关于非政府民间组织（NGO），原计划针对有当地工作基础的 NGO 发放 8 份调查问卷，但由于在西双版纳澜沧江流域开展实际工作的 NGO 数量较少，最终发放对象为国际中国环境基金会（美国，IFCE）、瑞尔国际（RARE International）、大自然保护协会（TNC）、世界自然基金会（WWF）、国际混农林业中心（ICRAFT）5 家 NGO 的相关工作人员。然而，由于参与问卷调查的 NGO 对当地淡水生态系统管理情况了解较少，且目前使用的调查问卷总体设计比较复杂，NGO 部分问卷无法完成或因缺少太多而无法使用，因此问卷调查中的 NGO 部分暂时缺少。

经过分析填写好的《管理与利益相关方调查问卷》，各利益相关方给出的评价得分差异较为显著。其中，政府机构给出的分数最高，社区次之，均在 90 分以上；企业给出的分数都在 80 分以上；而研究机构评分最低，为 60 多分。

从调查问卷分析可知，关于西双版纳澜沧江管理与利益相关方各指标得分，低分项主要涉及环境事务管理的激励机制（生态系统服务付费，生态补偿等）、水资源交易、荣誉嘉奖制度、土地利用分区政策、废水处理的投资水平（注：因公厕投入不佳）、监测和执行的投资水平、透明度（数据记录方式、信息来源清晰等）、响应度（决策能够反映利益相关方的反馈和诉求）等方面的内容。

附录 2　管理与利益相关方调查问卷（西双版纳澜沧江试点）

淡水健康指数是由保护国际基金会及其合作伙伴开发的一个分析性工具，旨在促进淡水安全和淡水生态系统的可持续管理。它根据三个维度（生态系统活力、生态系统服务和管理与利益相关方）进行淡水生态系统的综合评估，目的是将科学、政策和实践相互联系起来。

本调查旨在收集治理评估的信息，以了解西双版纳澜沧江主干流流域不同利益相关者对协调机制、参与过程、治理有效性和区域内长期规划的意见。调查的填写是完全自愿的。您的宝贵意见将会成为该流域当前治理体系状态全面评估的坚实基础。收集的信息仅用于研究目的，个人数据将被保密。感谢您的协作和支持！

填表人工作单位	
填表人职务	
填表日期	

1. 流域管理框架

基于您对现状的了解，请对流域内主要职能的履行情况进行评价，请略过您认为自己不适合或不能回答的问题。

A	各级政府部门及企业有关水资源开发和管理的政策协调及行动	5= 非常满意；4= 基本满意；3= 一般；2= 不满意；1= 非常不满意
B	水利设施的开发和管理（如大坝、水库、污水处理厂等）	5= 非常满意；4= 基本满意；3= 一般；2= 不满意；1= 非常不满意
C	支撑规划和管理所需的财力	5= 非常满意；4= 基本满意；3= 一般；2= 不满意；1= 非常不满意
D	制定行动方案（包括加强公众意识），促进生态系统保护	5= 非常满意；4= 基本满意；3= 一般；2= 不满意；1= 非常不满意
E	其他	5= 非常满意；4= 基本满意；3= 一般；2= 不满意；1= 非常不满意

2. 资源利用制度

基于您对现状的了解，请评价现行水资源利用相关的各项制度设计的合理性，请略过您认为自己不适合或不能回答的问题。

A	水资源在各用水部门间的分配制度	5= 非常合理；4= 基本合理；3= 一般；2= 不合理；1= 非常不合理
B	水资源在各行政区间的分配制度	5= 非常合理；4= 基本合理；3= 一般；2= 不合理；1= 非常不合理
C	地下水取水制度	5= 非常合理；4= 基本合理；3= 一般；2= 不合理；1= 非常不合理
D	污水排放制度	5= 非常合理；4= 基本合理；3= 一般；2= 不合理；1= 非常不合理
E	土地利用和开发制度	5= 非常合理；4= 基本合理；3= 一般；2= 不合理；1= 非常不合理
F	内陆渔业制度（禁渔时间、数量、方式等安排）	5= 非常合理；4= 基本合理；3= 一般；2= 不合理；1= 非常不合理
G	其他	5= 非常合理；4= 基本合理；3= 一般；2= 不合理；1= 非常不合理

3. 激励机制体系

基于您对现状的了解，请评价有关管理和激励规章的设计及执行情况，请略过您认为自己不适合或不能回答的问题。

A	在决策之前通过环境和社会影响评价，预测主要影响，提供应对措施和方案	5= 制度成熟且规范执行；4= 制度较为成熟但尚未完全规范执行；3= 制度正在试点需要进一步完善；2= 制度正在设计完善，初步公布指导意见；1= 制度不存在或正在初步讨论
B	环境事务管理的激励机制（生态系统服务付费，生态补偿等）	5= 制度成熟且规范执行；4= 制度较为成熟但尚未完全规范执行；3= 制度正在试点需要进一步完善；2= 制度正在设计完善，初步公布指导意见；1= 制度不存在或正在初步讨论
C	水资源交易	5= 制度成熟且规范执行；4= 制度较为成熟但尚未完全规范执行；3= 制度正在试点需要进一步完善；2= 制度正在设计完善，初步公布指导意见；1= 制度不存在或正在初步讨论
D	荣誉嘉奖制度	5= 制度成熟且规范执行；4= 制度较为成熟但尚未完全规范执行；3= 制度正在试点需要进一步完善；2= 制度正在设计完善，初步公布指导意见；1= 制度不存在或正在初步讨论
E	土地利用分区政策（例如对河岸缓冲区、洪泛区发展或森林集水区等的要求。）	5= 制度成熟且规范执行；4= 制度较为成熟但尚未完全规范执行；3= 制度正在试点需要进一步完善；2= 制度正在设计完善，初步公布指导意见；1= 制度不存在或正在初步讨论
F	其他	5= 制度成熟且规范执行；4= 制度较为成熟但尚未完全规范执行；3= 制度正在试点需要进一步完善；2= 制度正在设计完善，初步公布指导意见；1= 制度不存在或正在初步讨论

4. 技术能力

基于您对现状的了解，请评价流域水资源管理相关部门的人力资源状况，请略过您认为自己不适合或不能回答的问题。

A	工作人员数量足以支持规划、管理、研究、评估等工作需求	5= 非常满意；4= 基本满意；3= 一般；2= 不满意；1= 非常不满意
B	工作人员的专业水平和教育程度足以支持规划、管理、研究、评估等工作需求	5= 非常满意；4= 基本满意；3= 一般；2= 不满意；1= 非常不满意
C	职业培训和技术认证等机会	5= 非常满意；4= 基本满意；3= 一般；2= 不满意；1= 非常不满意
D	其他	5= 非常满意；4= 基本满意；3= 一般；2= 不满意；1= 非常不满意

5. 经济能力

基于您对当前情况的了解，请评估流域内水资源开发和管理的经济能力。根据以下标准选择 1 到 5 之间的评级。请略过您认为自己不适合或不能回答的问题。

A	水资源供应发展的投资水平 示例包括但不限于：用于建造、维护水库或灌溉系统的财政资源	5= 水平非常令人满意；4= 水平很令人满意；3= 水平令人满意；2= 水平不令人满意；1= 水平非常不令人满意
B	服务交付系统的投资水平 示例包括但不限于：用于建造和维护配水网络（即管道供应）或家用水井的财政资源	5= 水平非常令人满意；4= 水平很令人满意；3= 水平令人满意；2= 水平不令人满意；1= 水平非常不令人满意
C	废水处理的投资水平 示例包括但不限于：用于建造和维护社区厕所的财政资源或用于废水处理的系统	5= 水平非常令人满意；4= 水平很令人满意；3= 水平令人满意；2= 水平不令人满意；1= 水平非常不令人满意
D	生态保护和复原的投资水平 示例包括但不限于：用于保护湿地以减轻洪水风险，修复受损溪流或恢复鱼类资源的财政资源	5= 水平非常令人满意；4= 水平很令人满意；3= 水平令人满意；2= 水平不令人满意；1= 水平非常不令人满意

续表

E	监测和执行的投资水平 示例包括但不限于：用于评估环境影响、收集环境数据、检查设施和执行法规的财政资源。	5= 水平非常令人满意；4= 水平很令人满意；3= 水平令人满意；2= 水平不令人满意；1= 水平非常不令人满意
F	其他	5= 水平非常令人满意；4= 水平很令人满意；3= 水平令人满意；2= 水平不令人满意；1= 水平非常不令人满意

6. 信息和知识

基于您对现状的了解，请评价获取水资源管理相关信息（如水质水量数据、规划文件、财务信息等）的途径、质量及全面性等，请略过您认为自己不适合或不能回答的问题。

A	可得性（网上信息公开或可应请求提供）	5= 非常满意；4= 基本满意；3= 一般；2= 不满意；1= 非常不满意
B	信息质量（时空尺度、覆盖内容等）	5= 非常满意；4= 基本满意；3= 一般；2= 不满意；1= 非常不满意
C	透明度（数据记录方式、信息来源清晰等）	5= 非常满意；4= 基本满意；3= 一般；2= 不满意；1= 非常不满意
D	水资源信息能够在管理、规划或研究中得到应用	5= 非常满意；4= 基本满意；3= 一般；2= 不满意；1= 非常不满意
E	其他	5= 非常满意；4= 基本满意；3= 一般；2= 不满意；1= 非常不满意

7. 公众参与和决策过程

基于您对现状的了解，请评价各个利益相关方在水资源发展规划和管理中参与决策的程度，请略过您认为自己不适合或不能回答的问题。

A	代表性（能够广泛覆盖各个利益相关方）	5= 非常高；4= 比较高；3= 一般；2= 比较低；1= 非常低
B	参与度（利益相关方能在决策制定之前提出意见）	5= 非常高；4= 比较高；3= 一般；2= 比较低；1= 非常低
C	响应度（决策能够反映利益相关方的反馈和诉求）	5= 非常高；4= 比较高；3= 一般；2= 比较低；1= 非常低
D	其他	5= 非常高；4= 比较高；3= 一般；2= 比较低；1= 非常低

8. 制度执行

基于您对现状的了解，请评价与下列事务管理相关的规章和协议的执行情况，请略过您认为自己不适合或不能回答的问题。

A	地表水取水	5= 非常好；4= 比较好；3= 一般；2= 不好；1= 非常不好
B	地下水取水	5= 非常好；4= 比较好；3= 一般；2= 不好；1= 非常不好
C	调水	5= 非常好；4= 比较好；3= 一般；2= 不好；1= 非常不好
D	水质	5= 非常好；4= 比较好；3= 一般；2= 不好；1= 非常不好
E	水资源利用效率	5= 非常好；4= 比较好；3= 一般；2= 不好；1= 非常不好
F	土地利用	5= 非常好；4= 比较好；3= 一般；2= 不好；1= 非常不好
G	其他	5= 非常好；4= 比较好；3= 一般；2= 不好；1= 非常不好

9. 生态系统服务功能的效益分配

基于您对现状的了解，请评价下列群体（选项中可能有重叠）是否在水资源相关的利益分配中获得了充分的效益并得到了保护，请略过您认为自己不适合或不能回答的问题。

A	贫困人口	5= 非常充分；4= 比较充分；3= 一般；2= 不充分；1= 非常不充分
B	农村居民	5= 非常充分；4= 比较充分；3= 一般；2= 不充分；1= 非常不充分
C	城镇居民	5= 非常充分；4= 比较充分；3= 一般；2= 不充分；1= 非常不充分
D	资源依赖性的人口（例如渔民）	5= 非常充分；4= 比较充分；3= 一般；2= 不充分；1= 非常不充分
E	其他	5= 非常充分；4= 比较充分；3= 一般；2= 不充分；1= 非常不充分

10. 水资源相关的问题

基于您的了解，请评价过去三年中与水资源相关的矛盾发生的频率，请略过您认为自己不适合或不能回答的问题。

A	管理机构或权力持有者的职权重叠不清	5= 几乎不出现；4= 较少出现；3= 有时出现；2= 经常出现；1= 总是出现
B	不同用水地区或部门间的用水分配不均	5= 几乎不出现；4= 较少出现；3= 有时出现；2= 经常出现；1= 总是出现
C	农村居民获取清洁的生活用水资源不能满足	5= 几乎不出现；4= 较少出现；3= 有时出现；2= 经常出现；1= 总是出现
D	基础设施及设备建设的选址争夺	5= 几乎不出现；4= 较少出现；3= 有时出现；2= 经常出现；1= 总是出现
E	水污染及其他对下游地区的负面影响	5= 几乎不出现；4= 较少出现；3= 有时出现；2= 经常出现；1= 总是出现
F	其他	5= 几乎不出现；4= 较少出现；3= 有时出现；2= 经常出现；1= 总是出现

11. 数据管理

基于您对现状的了解，请评价不同类型水资源数据的收集、分析及使用情况，请略过您认为自己不适合或不能回答的问题。

A	水量数据（径流、洪水、干旱、排水等）	5= 非常充分；4= 比较充分；3= 一般；2= 不充分；1= 非常不充分
B	水质数据	5= 非常充分；4= 比较充分；3= 一般；2= 不充分；1= 非常不充分
C	生物及生态数据（物种、栖息地、多样性）	5= 非常充分；4= 比较充分；3= 一般；2= 不充分；1= 非常不充分
D	主要用水者的取水数据	5= 非常充分；4= 比较充分；3= 一般；2= 不充分；1= 非常不充分
E	其他	5= 非常充分；4= 比较充分；3= 一般；2= 不充分；1= 非常不充分

12. 规划和适应性管理

基于您对现状的了解，请评价在流域规划和适应性管理的层面，关于水质水量、地表水和地下水、土地利用和生态、不同利益相关方的协调等问题考虑的全面性。

A	目标设定（设定共同的发展目标、提高和改进的方向）	5= 非常全面；4= 比较全面；3= 一般；2= 不全面；1= 非常不全面
B	规划机制（战略空间规划或流域发展规划）	5= 非常全面；4= 比较全面；3= 一般；2= 不全面；1= 非常不全面
C	适应性管理（考虑不确定性、新知识的整合、根据实际情况调整计划）	5= 非常全面；4= 比较全面；3= 一般；2= 不全面；1= 非常不全面
D	其他	5= 非常全面；4= 比较全面；3= 一般；2= 不全面；1= 非常不全面

附录 3　FHI 相关指标权重调查问卷（西双版纳澜沧江试点）

您好！感谢您抽出宝贵的时间参与我们的问卷调查！

我们将使用“层次分析法”对以下指标权重进行分析。

请您将以下指标进行两两对比，并选择您觉得对健康的云南省西双版纳州澜沧江主干流更重要的指标，然后对该指标的相对重要性进行评分，评分规则见附表 3-1。

附表 3-1 评分规则

A 相对于 B 的重要性	分值
同等重要	1
稍微重要	3
较强重要	5
强烈重要	7
极端重要	9

我们将对您的打分进行统计，结果将展示出大家的共识和分歧。

该问卷是不记名的，但您的职业将会帮助我们分析由行业不同所带来的回答中的差异。

请选择您所在的行业：

□中央政府系统直属单位　□省政府系统直属单位　□地方政府部门

□研究机构 / 学者　□ NGO　□企业界 / 商界

请阅读各指标选项“A”和“B”的定义，然后回答下面两个问题：

A. 生态系统生命力：衡量生态系统整体性和功能发挥的情况

B. 生态系统服务：由淡水生态系统提供的各种与水相关的福利

问题：

1. 您认为 A 和 B 哪个更重要？
2. 用 1～9 的相对值打分，您选择的重要项为几分？

A. 生态系统生命力：衡量生态系统整体性和功能发挥的情况

B. 管理与利益相关方：水资源相关政策的结构及其制定程序

问题：

1. 您认为 A 和 B 哪个更重要？
2. 用 1～9 的相对值打分，您选择的重要项为几分？

A. 生态系统服务：由淡水生态系统提供的各种与水相关的福利

B. 管理与利益相关方：水资源相关政策的结构及其制定程序

问题：

1. 您认为 A 和 B 哪个更重要？
2. 用 1～9 的相对值打分，您选择的重要项为几分？

A. 水量：流域的水储量和流量

B. 水质：污染物浓度与水生生态系统赖以维持生物多样性的阈值的比较

问题：

1. 您认为 A 和 B 哪个更重要？
2. 用 1～9 的相对值打分，您选择的重要项为几分？

A. 水量：流域的水储量和流量

B. 流域情况：地表覆盖变化及河道物理变化

问题：

1. 您认为 A 和 B 哪个更重要？
2. 用 1～9 的相对值打分，您选择的重要项为几分？

A. 水量：流域的水储量和流量

B. 生物多样性：依水而生的物种数量现状及发展趋势

问题：

1. 您认为 A 和 B 哪个更重要？
2. 用 1～9 的相对值打分，您选择的重要项为几分？

A. 水质：污染物浓度与水生生态系统赖以维持生物多样性的阈值的比较

B. 流域情况：地表覆盖变化及河道物理变化

问题：

1. 您认为 A 和 B 哪个更重要？
2. 用 1～9 的相对值打分，您选择的重要项为几分？

A. 水质：污染物浓度与水生生态系统赖以维持生物多样性的阈值的比较

B. 生物多样性：依水而生的物种数量现状及发展趋势

问题：

1. 您认为 A 和 B 哪个更重要？
2. 用 1～9 的相对值打分，您选择的重要项为几分？

A. 流域情况：地表覆盖变化及河道物理变化

B. 生物多样性：依水而生的物种数量现状及发展趋势

问题：

1. 您认为 A 和 B 哪个更重要？
2. 用 1～9 的相对值打分，您选择的重要项为几分？

A. 供给：淡水生态系统的物质产出（主要是水和鱼）

B. 调控与支持：支持供给服务或提供防灾功能的生态系统过程

问题：

1. 您认为 A 和 B 哪个更重要？
2. 用 1～9 的相对值打分，您选择的重要项为几分？

A. 供给：淡水生态系统的物质产出（主要是水和鱼）

B. 文化：人类从与淡水生态系统互动中体验到的非物质福利

附录 3　FHI 相关指标权重调查问卷（西双版纳澜沧江试点）

问题：

1. 您认为 A 和 B 哪个更重要？

2. 用 1～9 的相对值打分，您选择的重要项为几分？

A. 调控与支持：支持供给服务或提供防灾功能的生态系统过程

B. 文化：人类从与淡水生态系统互动中体验到的非物质福利

问题：

1. 您认为 A 和 B 哪个更重要？

2. 用 1～9 的相对值打分，您选择的重要项为几分？

A. 政策环境：水资源管理中的政策、规则、市场机制和社会准则

B. 利益相关方参与：利益相关方互动途径以及这些互动的透明度和责任

问题：

1. 您认为 A 和 B 哪个更重要？

2. 用 1～9 的相对值打分，您选择的重要项为几分？

A. 政策环境：水资源管理中的政策、规则、市场机制和社会准则

B. 远见和适应性管理：将信息纳入流域政策和规划的能力

问题：

1. 您认为 A 和 B 哪个更重要？

2. 用 1～9 的相对值打分，您选择的重要项为几分？

A. 政策环境：水资源管埋中的政策、规则、市场机制和社会准则

B. 有效性：水相关政策和投资决策的成果

问题：

1. 您认为 A 和 B 哪个更重要？

2. 用 1～9 的相对值打分，您选择的重要项为几分？

A. 利益相关方参与：利益相关方互动途径以及这些互动的透明度和责任

B. 远见和适应性管理：将信息纳入流域政策和规划的能力

问题：

1. 您认为 A 和 B 哪个更重要？

2. 用 1～9 的相对值打分，您选择的重要项为几分？

A. 利益相关方参与：利益相关方互动途径以及这些互动的透明度和责任

B. 有效性：水相关政策和投资决策的成果

问题：

1. 您认为 A 和 B 哪个更重要？

2. 用 1～9 的相对值打分，您选择的重要项为几分？

A. 远见和适应性管理：将信息纳入流域政策和规划的能力

B. 有效性：水相关政策和投资决策的成果

问题：

1. 您认为 A 和 B 哪个更重要？

2. 用 1～9 的相对值打分，您选择的重要项为几分？

A. 水资源管理：机构行使协调、规划、融资和争议解决等管理功能的程度

B. 资源使用权：水及相关资源的使用权的一致性

问题：

1. 您认为 A 和 B 哪个更重要？

2. 用 1～9 的相对值打分，您选择的重要项为几分？

A. 水资源管理：机构行使协调、规划、融资和争议解决等管理功能的程度

B. 激励措施与规则：使用影响评价和经济刺激等不同的管理手段的能力

问题：

1. 您认为 A 和 B 哪个更重要？

2. 用 1～9 的相对值打分，您选择的重要项为几分？

A. 水资源管理：机构行使协调、规划、融资和争议解决等管理功能的程度

B. 财务能力：水资源保护工作所需资金与现有资金的缺口

附录 3　FHI 相关指标权重调查问卷（西双版纳澜沧江试点）

问题：

1. 您认为 A 和 B 哪个更重要？

2. 用 1～9 的相对值打分，您选择的重要项为几分？

A. 水资源管理：机构行使协调、规划、融资和争议解决等管理功能的程度

B. 技术能力：水资源管理从业人员的数量和技术等级

问题：

1. 您认为 A 和 B 哪个更重要？

2. 用 1～9 的相对值打分，您选择的重要项为几分？

A. 资源使用权：水及相关资源的使用权的一致性

B. 激励措施与规则：使用影响评价和经济刺激等不同的管理手段的能力

问题：

1. 您认为 A 和 B 哪个更重要？

2. 用 1～9 的相对值打分，您选择的重要项为几分？

A. 资源使用权：水及相关资源的使用权的一致性

B. 财务能力：水资源保护工作所需资金与现有资金的缺口

问题：

1. 您认为 A 和 B 哪个更重要？

2. 用 1～9 的相对值打分，您选择的重要项为几分？

A. 资源使用权：水及相关资源的使用权的一致性

B. 技术能力：水资源管理从业人员的数量和技术等级

问题：

1. 您认为 A 和 B 哪个更重要？

2. 用 1～9 的相对值打分，您选择的重要项为几分？

A. 激励措施与规则：使用影响评价和经济刺激等不同的管理手段的能力

B. 财务能力：水资源保护工作所需资金与现有资金的缺口

问题：

1. 您认为 A 和 B 哪个更重要？

2. 用 1～9 的相对值打分，您选择的重要项为几分？

A. 激励措施与规则：使用影响评价和经济刺激等不同的管理手段的能力

B. 技术能力：水资源管理从业人员的数量和技术等级

问题：

1. 您认为 A 和 B 哪个更重要？

2. 用 1～9 的相对值打分，您选择的重要项为几分？

A. 财务能力：水资源保护工作所需资金与现有资金的缺口

B. 技术能力：水资源管理从业人员的数量和技术等级

问题：

1. 您认为 A 和 B 哪个更重要？

2. 用 1～9 的相对值打分，您选择的重要项为几分？

A. 信息获取：水量、水质、资源管理和开发数据的可获取性

B. 决策过程中的参与：参与的相关方范围及其话语在政策和规划中的分量

问题：

1. 您认为 A 和 B 哪个更重要？

2. 用 1～9 的相对值打分，您选择的重要项为几分？

A. 战略规划与适应性管理：流域或子流域全面战略规划的程度

B. 监测和学习机制：水资源的物理、化学和生物监测，社会经济数据监测的质量和使用

问题：

1. 您认为 A 和 B 哪个更重要？

2. 用 1～9 的相对值打分，您选择的重要项为几分？

A. 执行和遵守情况：法律法规的执行程度

B. 利益分配：水资源管理决策的影响，特别是对弱势人群

附录 3　FHI 相关指标权重调查问卷（西双版纳澜沧江试点）

问题：

1. 您认为 A 和 B 哪个更重要？

2. 用 1～9 的相对值打分，您选择的重要项为几分？

A. 执行和遵守情况：法律法规的执行程度

B. 水相关冲突：水资源分配和获取、污染、引调水或基础设施建设中出现的矛盾和冲突

问题：

1. 您认为 A 和 B 哪个更重要？

2. 用 1～9 的相对值打分，您选择的重要项为几分？

A. 利益分配：水资源管理决策的影响，特别是对弱势人群

B. 水相关冲突：水资源分配和获取、污染、引调水或基础设施建设中出现的矛盾和冲突

附录 4　FHI 指标体系权重值及得分（西双版纳澜沧江试点）

FHI 指标体系权重值及指标得分

指标考量因子	权重值	二／三级指标得分	一级指标得分	总得分
1　生态系统生命力	0.55		89.2	87.1
1.1　水量	0.28	85.2		
1.1.1　与天然径流的差异	0.5	75.4		
1.1.2　地下水储量	0.5	95		
1.2　水质	0.37	100		
1.3　流域情况	0.15	62.6		
1.3.1　河道改变程度	0.5	74.8		
1.3.2　天然地表覆盖变化	0.5	50.3		
1.4　生物多样性	0.2	95		
2　生态系统服务	0.21		88.9	
2.1　供给	0.46	90.7		
2.1.1　年均用水压力	0.33	84.7		
2.1.2　供水的可靠性	0.33	95		
2.1.3　可供消费的生物质量	0.33	95		
2.2　调控与支持	0.42	91.2		
2.2.1　泥沙调控	0.25	80		
2.2.2　水过滤	0.25	100		
2.2.3　防洪减灾	0.25	84.7		
2.2.4　疾病调控	0.25	100		
2.3　文化	0.12	74.2		
2.3.1　保护区域	0.5	95		
2.3.2　涉水休闲业	0.5	53.3		

续表

指标考量因子	权重值	二 / 三级指标得分	一级指标得分	总得分
3　管理与利益相关方	0.24		80.8	87.1
3.1　政策环境	0.48	80.4		
3.1.1　水资源管理	0.34	80.4		
3.1.2　资源使用权	0.27	79.7		
3.1.3　激励措施与规则	0.13	77.5		
3.1.4　财务能力	0.12	78.8		
3.1.5　技术能力	0.14	85.5		
3.2　利益相关方参与	0.2	79.3		
3.2.1　信息获取	0.67	78.7		
3.2.2　决策制定过程中的参与	0.33	80.5		
3.3　愿景和适应性管理	0.22	82.1		
3.3.1　战略规划和适应性管理	0.75	80.7		
3.3.2　监测和学习机制	0.25	86.2		
3.4　有效性	0.1	83.1		
3.4.1　执行和遵守情况	0.4	83		
3.4.2　利益分配	0.4	83.3		
3.4.3　水相关冲突	0.2	82.8		

注：由于四舍五入，部分权重值相加不为 1。

附录 5　涉水休闲业调查问卷（西双版纳澜沧江项目）

您好！占用您的宝贵时间我们深感歉意。非常感谢您参与我们的问卷调查，此次调查是作为西双版纳州淡水健康指数评估指数的计算，不存在任何商业用途，更不会泄露您的任何隐私。整个问卷中的题目均没有对错之分，请根据您的实际情况填写，无须署名。谢谢您的合作！

1. 您的年龄？

A. 16 周岁以下　　B. 16～30 周岁

C. 31～45 周岁　　D. 46～60 周岁

E. 60 周岁以上

2. 您的职业？

A. 政府或事业单位人员　　B. 企业职工

C. 个体工商户　　D. 学生

E. 离退休人员　　F. 其他

3. 您的收入是（元 / 月）？

A. 500 以下　　B. 500～1 500

C. 1 500～3 000　　D. 3 000～5 000

E. 5 000 以上

4. 您的文化程度？

A. 小学及小学以下　　B. 初中

C. 高中、中专　　D. 大专

E. 本科　　F. 研究生及以上

5. 您每个月进行与淡水生态系统相关休闲活动的次数？

A. 小于 1 次　　B.1～3 次

C. 4～7 次　　D. 7～10 次

E. 10～15 次　　F. 15 次以上

6. 您每次在与淡水生态系统相关的休闲活动上花费的时间?

A. 小于 0.5 h　　B. 0.5～2 h

C. 2～4 h　　D. 4～6 h

E. 6 h 以上

附录 6　FHI 指标评价体系各指标计算方法（海南松涛水库试点）

（一）水量

水量指标由与设计蓄水量的差异和地下水储量两个指标决定。

1. 与设计蓄水量的差异

与设计蓄水量的差异指标主要衡量松涛水库研究时段内实际蓄水量与设计蓄水量之间的差异。主要数据来源为以 2013—2017 年监测水位计算得出的实际蓄水量。松涛水库设计正常蓄水位 190.0 m，相应蓄水量 26.1 亿 m^3；最高洪水位 195 m，总蓄水量 33.45 亿 m^3；死水位 165 m，相应蓄水量 5.12 亿 m^3。现根据每月平均水位，使用插值法计算得出每月平均蓄水量。再根据每月平均蓄水量与设计水量计算出水量得分，见附表 6-1 和附表 6-2。

计算公式：

$$\mathrm{HD}=\frac{\sum_{i=1}^{12}\left|m_i-n_i\right|}{\sum_{i=1}^{12}n_i}$$

$$\mathrm{DvNF}=\begin{cases}0,\ \mathrm{HD}\geqslant 0.65\\100-\dfrac{100}{0.45}(\mathrm{HD}-0.2),\ 0.20<\mathrm{HD}<0.65\\100,\ \mathrm{HD}\leqslant 0.20\end{cases}$$

附表 6-1　松涛水库水位与蓄水量

序号	水位 /m	蓄水量 / 亿 m^3
1	165	5.12
2	166	6.06

续表

序号	水位 /m	蓄水量 / 亿 m^3
3	167	7.01
4	168	7.95
5	169	8.90
6	170	9.84
7	171	10.79
8	172	11.73
9	173	12.67
10	174	13.62
11	175	14.56
12	176	15.51
13	177	16.45
14	178	17.40
15	179	18.34
16	180	19.29
17	181	20.23
18	182	21.17
19	183	22.12
20	184	23.06
21	185	24.01
22	186	24.95
23	187	25.90
24	188	26.84
25	189	27.78
26	190	28.73
27	191	29.67
28	192	30.62
29	193	31.56
30	194	32.51
31	195	33.45

附表 6-2　松涛水库蓄水量差异

时间	水位 /m	实际蓄水量 m/亿 m^3	设计蓄水量 n/亿 m^3	|m−n|
2013 年 1 月	161.8	2.10	26.1	24.00
2013 年 2 月	160.0	0.40	26.1	25.70
2013 年 3 月	160.0	0.40	26.1	25.70
2013 年 4 月	160.0	0.40	26.1	25.70
2013 年 5 月	165.0	5.12	26.1	20.98
2013 年 6 月	167.0	7.01	26.1	19.09
2013 年 7 月	162.0	2.29	26.1	23.81
2013 年 8 月	168.0	7.95	26.1	18.15
2013 年 9 月	163.0	3.23	26.1	22.87
2013 年 11 月	161.0	1.30	26.1	24.80
2013 年 12 月	162.4	2.66	26.1	23.44
2014 年 1 月	160.2	0.59	26.1	25.51
2014 年 2 月	161.5	1.81	26.1	24.29
2014 年 3 月	161.0	1.34	26.1	24.76
2014 年 4 月	160.5	0.87	26.1	25.23
2014 年 5 月	161.1	1.44	26.1	24.66
2014 年 6 月	162.8	3.04	26.1	23.06
2014 年 7 月	163.5	3.70	26.1	22.40
2014 年 8 月	160.8	1.15	26.1	24.95
2014 年 10 月	189.8	28.54	26.1	2.44
2014 年 11 月	188.9	27.72	26.1	1.62
2014 年 12 月	187.9	26.75	26.1	0.65
2015 年 1 月	187.7	26.58	26.1	0.48
2015 年 2 月	186.5	25.42	26.1	0.68
2015 年 3 月	186.9	25.78	26.1	0.32

续表

时间	水位 /m	实际蓄水量 *m*/亿 m^3	设计蓄水量 *n*/亿 m^3	$\lvert m-n \rvert$
2015 年 4 月	186.0	24.95	26.1	1.15
2015 年 6 月	183.2	22.32	26.1	3.78
2015 年 7 月	181.7	20.89	26.1	5.21
2015 年 8 月	180.0	19.29	26.1	6.82
2015 年 9 月	178.4	17.75	26.1	8.35
2015 年 10 月	178.1	17.47	26.1	8.63
2015 年 12 月	177.1	16.53	26.1	9.57
2016 年 1 月	177.7	17.14	26.1	8.96
2016 年 2 月	186.5	25.42	26.1	0.68
2016 年 3 月	185.7	24.70	26.1	1.40
2016 年 4 月	184.7	23.68	26.1	2.42
2016 年 5 月	185.6	24.61	26.1	1.49
2016 年 6 月	186.4	25.31	26.1	0.79
2016 年 7 月	178.6	18.00	26.1	8.10
2016 年 8 月	182.3	21.43	26.1	4.67
2016 年 9 月	179.3	18.62	26.1	7.48
2016 年 10 月	182.3	21.43	26.1	4.67
2016 年 11 月	186.8	25.71	26.1	0.39
2016 年 12 月	187.9	26.75	26.1	0.65
2017 年 1 月	187.4	26.25	26.1	0.15
2017 年 2 月	187.4	26.27	26.1	0.17
2017 年 3 月	187.3	26.20	26.1	0.10
2017 年 4 月	186.2	25.18	26.1	0.92
2017 年 5 月	185.4	24.37	26.1	1.73
2017 年 6 月	186.0	24.96	26.1	1.14

续表

时间	水位 /m	实际蓄水量 m/亿 m^3	设计蓄水量 n/亿 m^3	$\|m-n\|$
2017 年 7 月	184.1	23.19	26.1	2.91
2017 年 8 月	184.0	23.02	26.1	3.08
2017 年 9 月	182.2	21.32	26.1	4.78
2017 年 10 月	182.1	21.27	26.1	4.83
2017 年 11 月	184.5	23.50	26.1	2.60
2017 年 12 月	185.5	24.45	26.1	1.65

则依照公式计算可得：HD=0.386 25；DvNF=58.61。

2. 地下水储量

主要数据来源于《海南省水资源公报》(2013—2017 年)，松涛流域地下水储量暂时没有统计数据，本小结内容使用海南岛单位面积地下水储量计算出松涛流域地下水储量，详见附表 6-3。根据现场走访调查得知，松涛水库流域居民生活、生产用水绝大部分来自松涛水库，不存在地下水大量消耗，地下水储量变化受降水量影响显著。

附表 6-3　松涛水库流域地下水储量

年份	2013	2014	2015	2016	2017
地下水储量 / 亿 m^3	5.07	4.11	2.15	5.02	4.11
备注	丰水年	偏丰年	枯水年	丰水年	偏丰年

计算公式：

$$\mathrm{GwSD}=\left(1-\frac{\sum a}{A}\right)\times 100$$

则依照公式计算可得：经认定有地下水消耗问题的流域面积为 0；GwSD=100。然而，经相关座谈会与会专家建议，可结合实际情况，给予该指标得分为 98 分，表明该流域地下水储量较高，但仍有少量消耗。

（二）水质

水质指标的计算选取了四种水体污染物，分别为总氮、总磷、高锰酸盐指数、氨氮，以《地表水环境质量标准》（GB 3838—2002）的Ⅲ类水体污染物浓度限值为标准，应用 WQI 法计算所得，该指标得分为 100 分，表明松涛水库水质良好，详见附表 6-4、附表 6-5。

附表 6-4　选取水体污染物Ⅰ～Ⅲ类地表水质量标准

项目	Ⅰ类	Ⅱ类	Ⅲ类
总氮（以 N 计）	≤ 0.2	≤ 0.5	≤ 1.0
总磷（以 P 计）	≤ 0.01	≤ 0.025	≤ 0.05
高锰酸盐指数	≤ 2	≤ 4	≤ 6
氨氮	≤ 0.15	≤ 0.5	≤ 1.0

附表 6-5　松涛水库选取水体污染物 2013—2017 年均值

湖库名称	垂线名称	年度	高锰酸盐指数 /（mg/L）	氨氮 /（mg/L）	总磷 /（mg/L）	总氮 /（mg/L）	水质类别
松涛水库	牙叉库心	2013	2.4	0.05	0.010	0.27	Ⅱ类
松涛水库	南丰库心		2.0	0.06	0.015	0.63	Ⅲ类
松涛水库	番加库心		2.0	0.04	0.022	0.67	Ⅲ类
松涛水库	水库整体		2.1	0.05	0.015	0.52	Ⅲ类
松涛水库	牙叉库心	2014	2.2	0.12	0.006	0.32	Ⅱ类
松涛水库	南丰库心		2.0	0.04	0.019	0.46	Ⅱ类
松涛水库	番加库心		2.0	0.04	0.019	0.62	Ⅲ类
松涛水库	水库整体		2.1	0.06	0.015	0.47	Ⅱ类
松涛水库	牙叉库心	2015	2.4	0.11	0.008	0.38	Ⅱ类
松涛水库	南丰库心		2.0	0.06	0.021	0.60	Ⅲ类
松涛水库	番加库心		1.9	0.07	0.022	0.94	Ⅲ类
松涛水库	水库整体		2.1	0.08	0.017	0.64	Ⅲ类

续表

湖库名称	垂线名称	年度	高锰酸盐指数 /（mg/L）	氨氮 /（mg/L）	总磷 /（mg/L）	总氮 /（mg/L）	水质类别
松涛水库	牙叉库心	2016	2.6	0.09	0.015	0.35	Ⅱ类
松涛水库	南丰库心		2.0	0.09	0.019	0.30	Ⅱ类
松涛水库	番加库心		1.9	0.06	0.020	0.32	Ⅱ类
松涛水库	水库整体		2.2	0.08	0.018	0.32	Ⅱ类
松涛水库	牙叉库心	2017	2.7	0.14	0.017	0.33	Ⅱ类
松涛水库	南丰库心		1.8	0.05	0.017	0.26	Ⅱ类
松涛水库	番加库心		1.8	0.04	0.015	0.32	Ⅱ类
松涛水库	水库整体		2.1	0.07	0.016	0.30	Ⅱ类

（三）流域情况

1. 河道改变程度

该指标由洄游鱼类联合树突连接性指数 c_{DCI} 及河道改变对洄游通道的影响 p_{CM} 组成。c_{DCI} 衡量的是河网的纵向连通性，而 p_{CM} 衡量的是河网的横向连通性。参考西双版纳傣族自治州淡水生态系统健康评估研究成果，本指标的最终得分为 c_{DCI} 和 p_{CM} 的平均值。

通过 GIS 得到各干流、支流的长度以及靠近水库的水系长度，见附表 6-6。

附表 6-6　松涛水库流域主要河流长度

河流名称	长度 /km
南湾河	48.12
南溪河	59.53
南叉河	21.54
南春河	25.23
南美河	23.76
总长度	134.45

计算公式：

$$\mathrm{DCI_p} = \sum_{i=1}^{n} \frac{l_i^2}{L^2}$$

$$\mathrm{DCI_d} = \frac{l_i}{L}$$

$$c_{\mathrm{DCI}} = \left(\frac{w_{\mathrm{p}} \mathrm{DCI_p} + w_{\mathrm{d}} \mathrm{DCI_d}}{w_{\mathrm{p}} + w_{\mathrm{d}}} \right) \times 100$$

$$p_{\mathrm{CM}} = \left(1 - \frac{\sum_{i=1}^{n} l_i p_{\mathrm{CM}i}}{L} \right) \times 100$$

计算过程：

$\mathrm{DCI_p}$ 计算中 l_i 为主要入库河流长度，依照公式计算可得：$\mathrm{DCI_p}$= 0.24。

$\mathrm{DCI_d}$ 计算中 l_i 为靠近松涛水库的水系长度为 134.45 km，L 为干流长度 154.42 km，依照公式计算可得：$\mathrm{DCI_d}$=0.85。

c_{DCI} 的计算中 w_{p} 与 w_{d} 为根据淡水系统中鱼种的估值，依照松涛水库鱼类的丰富度，将 w_{p}、w_{d} 均估值为 1，则依照公式计算可得：c_{DCI}=54.5。

p_{CM} 参考西双版纳傣族自治州淡水生态系统健康评估研究成果，取值为 100。

因此，该指标得分为 c_{DCI} 与 p_{CM} 的平均值，为 77.3 分。

2. 天然地表覆盖变化

自然性指数根据人类活动导致的转变来描述流域内的土地利用 / 土地覆盖的状态和趋势，是从完全自然到完全人工的一个梯度（范围 0～100）。

主要数据来源：儋州市和白沙县 2012—2016 年植被指数 NDVI 数据；自然性分类程度表。详见附表 6-7、附表 6-8。

附表 6-7　自然性分类程度表

自然性程度	水循环管理	污染物排放	植被特点	例子	权重
自然和半自然	无	无	原生	森林；湖泊湿地；天然草地；天然灌木丛	100
栽培辅助系统	低	低	混合、高多样性	混合自然植被（>50%，耕地<50%）	70
	低	低	混合、中等多样性	混合耕地（>50%，天然植被<50%）	60
转换系统	低	低	长期覆盖非典型物种	长期型草场；农田林场；乔木作物	50
	低到中	中到高	季节性覆盖非典型物种	非灌溉型耕地	40
	高	中到高	季节性覆盖非典型物种	长期灌溉型耕地	30
完全人工	高	中到高	稀疏覆盖草地	城市公园；低密度郊区；贫瘠地区	10
	高	高	无	城市商业区；矿区	0

附表 6-8　儋州市和白沙县归一化植被指数

年份	白沙县	儋州市
2013	107.30	98.02
2014	106.97	97.53
2015	106.35	96.37
2016	105.37	94.67

松涛水库流域周围植被类型以次生季雨林、落叶灌丛、草丛组成的次生植被为主，其中，次生季雨林为主要类型。夹杂以桉树木、橡胶林和农田作物构成的人工植被。该流域大部分位于海南省生态红线保护区内，自然植被

覆盖率较高，因此，判定松涛水库流域属栽培辅助系统，植被特点为混合、高多样性，赋值 90 分。

（四）生物多样性

生物多样性指标主要衡量依水而生的物种数量现状及发展趋势，包括关注物种数量和趋势的变化、入侵物种和有害物种数量与趋势的变化两个三级指标。

1. 流域内重要保护区面积

松涛水库（湖）流域大部分位于海南中部山区国家级生态功能保护区，是海南岛的生态核心区域。流域内分布着海南霸王岭国家级自然保护区、莺歌岭省级自然保护区、黎母山省级自然保护区和番加省级自然保护区 4 个自然保护区的部分区域，是我国最大的热带植物园和最丰富的物种基因库，也是南渡江等江河源头区和重要水源涵养区，在保持全岛水环境和生态安全方面具有重要作用。经遥感数据解译，流域范围内各类饮用水源地和自然保护区面积共 630 km^2，流域内重要保护区的具体面积见附表 6-9。

附表 6-9　流域范围各类保护区保护地区面积一览表

名称	霸王岭国家级自然保护区	莺歌岭省级自然保护区	黎母山省级自然保护区	番加省级自然保护区	松涛水库饮用水水源保护区	南叉河饮用水水源保护区	南茶河饮用水水源保护区	流域范围内总面积
面积 / km^2	38.14	217.78	7.80	41.30	318.00	3.29	3.45	629.76

2. 生物多样性现状

为全面评估松涛水库流域的生物多样性，我们借助前期《海南省流域生态健康评估（第一期）——南渡江上游松涛水库流域段生态健康评估》项目对松涛水库流域的底栖动物多样性、鱼类资源多样性、浮游植物资源多样性、湖库周边植被多样性、湖库周边动物多样性等的调查结果。

（1）底栖动物

2013年12月对松涛水库流域段大型底栖动物多样性资源进行了野外样品采集、分类鉴定和分析，共设置18个采样点位，以保障全面反映流域大型底栖生物资源的现状，采样工具为索伯网和彼得逊采泥器。经分类和鉴定本次共采集到大型底栖动物共10目，24科，34种（类）。

（2）鱼类资源多样性

2013年12月（枯水期）对南渡江上游松涛水库流域段的鱼类资源进行了野外样品采集、鉴定和分析，共布设调查河段共10个，保障全面反映流域内主要干支流以及湖（库）的进水区、出水区、深水区、浅水区、湖心区、湖滨带区的鱼类资源现状，采样方法以拖网法、挂网法和电鱼法相结合，本次鱼类调查野外样品的采集以及最终鱼类资源鉴定的复核均由中国水产科学研究院珠江水产研究所提供技术支持。本次调查共捕获各种鱼类资源5 122尾，总重量约200 kg，经分类鉴定，共包括5目，18科，45属，51种鱼类物种，其中捕获海南松涛水库特有名贵鱼种长臀鮠（*Cranoglanis bouderius*，又名白骨鱼）30尾。

（3）浮游植物资源多样性

2008年，从松涛水库（湖）定性、定量水样中共鉴定出浮游植物7门，65种（属）。其中绿藻门43种（属），占66.15%，硅藻门10种（属）占15.38%，蓝藻门8种（属），占12.31%，其他门（甲、金、隐、裸藻门）各1种，占6.15%，松涛水库（湖）番加洋浮游植物群落结构属于蓝藻－绿藻型。湖区水体浮游植物常见种中的优势种：蓝藻门为水华微囊藻（*Microcystis flos-aquae*）、蓝纤维藻（*Dactylococcopsis sp.*）和银灰平裂藻（*Merismopedia glauca*），绿藻门为纤维藻（*Ankistrodesmus sp.*）和角星鼓藻属（*Staurastrm spp.*）；硅藻门为小环藻（*Cyclotella sp.*）、模糊直链藻（*Melosira ambigua*）和颗粒直链藻（*Melosira granulata*）。松涛水库（湖）南丰洋的浮游植物以绿藻硅藻为优势种群，属于绿藻－硅藻型，优势种主要是硅藻门的针杆藻（*Synedra sp.*）、小环藻，直链藻和绿藻门的球囊藻（*Sphaerocystis sp.*）、小球藻和栅藻（*Scenedesmus sp.*）等。浮游动物中，桡足类生物量丰富，约占浮游生物量的 60% 以上，为松涛湖库最重要的组成部分，粒径分布范围较宽，覆盖了轮虫和枝角类。

（4）湖库周边植被多样性

松涛水库（湖）周边土壤以砖红壤为主。以国有封山育林区和公益林区为主，植被类型以次生林为主，其他植被类型主要为小叶桉林等。库区周边分布的村庄生产用地以橡胶林为主，占库区生产用地总面积的 85.02%，其次为旱地，占 10.73%，水田与果园面积相对较少，分别占 3.96% 和 0.29%。

经过野外调查与室内分类鉴定分析和统计，在水库调查沿途分布的维管植物有 502 种，隶属于 107 科，362 属。其中蕨类植物有 8 科，8 属，11 种；裸子植物有 1 科，1 属，1 种；被子植物有 98 科，353 属，490 种；其中双子叶植物有 85 科，305 属，429 种，单子叶植物有 13 科，48 属，61 种。在调查沿途，发现有国家重点保护野生植物分布，分别是：①青梅（国家Ⅱ级保护植物）；②白木香（国家Ⅱ级保护植物），该两种均分布在湖泊周边封山育林区内。

由于受气候、土壤和地形地貌的影响，湖泊周边植被类型主要为以次生季雨林、落叶灌丛、草丛组成的自然次生植被，其中次生季雨林为主要类型；以及由桉树林、橡胶林和农田作物构成人工植被。

A. 自然植被

a. 次生季雨林

湖泊周边范围的次生季雨林为海南较典型的落叶季雨林受到一定程度干扰后形成的。其上层乔木散生，连续性不强。由枫香、黄牛木、银紫为优势构成，其中枫香优势明显，林下灌木和草本层较为稀疏，光线充足，下木多为耐旱性特征较强的常绿或半常绿种类，为一个半干旱地区发育的植被类型，旱季落叶。常见的植物有山油柑、细基丸、猫尾木、岭南山竹子、山合欢、山柑算盘子、中平树、白颜树、乌心楠、山杜英、水锦树、美叶菜豆树等多种；距库区水面较低岸边常见的植物有白楸、方叶五月茶、破布叶、余甘子、三叉苦、厚壳桂、半枫荷、山黄麻、钩枝藤、狭叶蒲桃、倒吊笔、光荚含羞草、九节、黄荆、坡柳、粽叶芦、海金沙、百足藤等多种，覆盖率一般在60%～70%，生物量为 11～15 kg/m^2。Shannon-wiener 生物多样性指数为 3.923。

b. 落叶灌丛

湖泊周边范围的落叶灌丛主要分布在封山育林区较低的山丘或岸边，与次生季雨林、桉树林、橡胶林及草丛镶嵌分布。由黄牛木、银柴、细基丸群落组成。常见枫香、山油柑、猫尾木、白颜树、乌心楠等乔木分布其中，常见的灌木种类有破布叶、水锦树、细叶谷木、九节、山柑算盘子、白背算盘子、黄牛木、三叉苦、潺槁木姜、窄叶半枫荷、方叶五月茶、盐肤木、小叶米仔兰、厚皮树、倒吊笔、裸花紫珠、钩枝藤、榼藤、鸡藤、长花龙血树等，覆盖率一般为 65%～75%，生物量为 4.0～6.0 kg/m^2，Shannon-wiener 生物多样性指数为 3.122。

c. 草丛

该群落类型主要分布在库（湖）区较平缓的岸边，由五节芒、棕叶芦等优势物种构成，植被覆盖率一般为 20% 左右，其群落范围内的生物量为1.0～2.0 kg/m^2。常见的植物有飞机草、白茅、铺地蝙蝠草、珠穗草等 10 余种，Shannon-winer 生物多样性指数为 0.812。

B. 人工植被

湖泊周边范围的人工植被主要由用材林、桉树林、橡胶林和农田作物水稻构成。现以桉树林、橡胶林为例进行说明。

a. 桉树林

桉树林为主要的人工用材林，与次生季雨林、落叶灌丛、草丛及橡胶林镶嵌分布。总体上说，桉树林结构较为简单和稀疏，株行距 2 m×2 m～3 m×4 m 不等，林木个体发育不良，个体间变化较大。有的地段桉树发育稍好些，株行距 2 m×2 m，林木个体发育一般，胸径为 6～10 cm，平均胸径为 8cm，树高为 6～10 m，平均高度为 8 m，估算地上木材蓄积量为 11～15 m^3/hm^2 不等。上层桉树群落覆盖度为 60%～70%，林下植物种类较少，常见有细基丸、潺槁木姜、黄牛木、厚壳桂和一些禾本科植物分布其中，整个植物群落覆盖率为 65%～75%，Shannon-winer 生物多样性指数为 1.124。有的地段的林木株行距较大些，为 2 m×3 m～3 m×4 m，胸径为 3～5 cm，平均胸径 4 cm，树高 4～6 m，平均树高 5 m，估算地上木材蓄积量为 3～8 m^3/hm^2 不等。上层桉树群落覆盖率为 55% 左右，林下植物有黄牛木、细基丸、破布叶、潺槁木姜、厚壳桂、银柴等灌木，整个植物群落覆盖率为 65%～75%，Shannon-winer 生物多样性指数为 1.213。

b. 橡胶林

橡胶林与桉树林、落叶灌丛、草丛镶嵌分布在库区岸边。有 5～15 年树龄不等。总体上说，橡胶林发育正常，林下植物覆盖度适中，覆盖率可达 30%～45%。林下植物种类适中，主要由禾本科植物、蕨类植物和一些亚灌木构成，形成一个较为稳定的胶林生态系统。除橡胶木外，林下植物的生物量为 1.5～2.0 kg/m^2，Shannon-wiener 生物多样性指数为 1.273。

（5）湖库周边动物多样性调查

湖泊周边均位于海南岛的西部丘陵地带，在动物区系上属于海南岛亚区中部山地省成分，因此动物的种类和分布具有明显的丘陵山地特征。通过实地陆生动物调查和文献资料，海南儋州松涛水库（湖）棕榈藤项目评价区域内共记录有陆栖脊椎动物 4 纲 16 目 39 科 75 种，其中，国家Ⅱ级保护动物 4 种，分别为松雀鹰、鹗、蛇雕、红隼、褐翅鸦鹃；海南省重点保护动物 16 种，分别为脆皮蛙、舟山眼镜蛇、眼镜王蛇、小白鹭、池鹭、苍鹭、山斑鸠、金眶鸻、白腰草鹬、丘鹬、针尾沙锥、白头鹎、八哥、棕果蝠、隐纹花松鼠、赤腹松鼠。除鼠科黑家鼠、黄胸鼠、褐家鼠之外，其余种类都隶属国家林业局颁布的“三有”保护动物——具有重要经济价值、生态价值、科研价值的脊椎动物。

A. 两栖动物

两栖动物以蛙科种类最为丰富，由于评价区主要位于水库周围，静水环境丰富，溪流相对较少，因此种类分布中溪流物种组成较少，而以常见分布于平原静水种类为主。

a. 静水型种类

栖息于水塘和农田或水流平缓的水沟附近，主要食物是附近的昆虫。沼蛙、泽蛙、尖舌浮蛙、圆舌浮蛙、台北蛙、长趾蛙、斑腿泛树蛙、饰纹姬蛙等多数种类多见于此。白天遇见率相对较低，白天多隐蔽于草丛或石头等隐蔽物下，夜间出来活动。沼蛙、泽蛙主要分布于水库附近的水塘地带，评价区内的水田有大量的泽蛙分布。圆舌浮蛙主要分布于沼泽地中。斑腿泛树蛙分布于水库附近水坑中，具有大量的泡沫卵，环境质量相对较好，人为干扰较小。

b. 平地或林下种类

栖息于相对较为干燥的草地或林下的种类，成体多分布于平地或林下潮湿地带，而到繁殖期则进入附近的静水塘或水沟缓水处进行繁殖产卵。如黑眶蟾蜍、花姬蛙等。白天隐蔽于草丛或其他隐蔽物下，夜晚出来活动。黑眶蟾蜍、花姬蛙在整个评价区内平地和林下或石头下及倒木下几乎都可以见到的普遍种类。

c. 溪流种类

栖息于山体附近水质比较清澈的小溪流中，溪流附近植被比较茂密。小湍蛙和脆皮蛙属于此种类型。白天和夜晚都可见其踪迹，夜晚活动主要在22时左右，白天小湍蛙可见也能听到其发出“吱、吱”的鸣叫声。主要以溪流附近的昆虫为食。

B. 爬行动物

爬行动物以游蛇科、石龙子科、鬣蜥科和壁虎科种类居多。走访中据说有三线闭壳龟和鳖的分布，但缺乏有效数据。区域内因飞机播种桉树林及种植橡胶林等，无原始林分布，同时附近的季雨林基本不适合三线闭壳龟生存。

a. 水栖种类

蛇目中的游蛇科中的水蛇属的乌游蛇、渔游蛇、中国水蛇、铅色水蛇属于与水联系较为密切的种类，经常出没于水塘或水库之中，繁殖和很多生命活动都在水中进行，主要捕食水中的一些鱼、蛙和附近的昆虫，白天可见，但夜间活动较为频繁。

b. 陆生种类

爬行类中除乌华游蛇、渔游蛇、中国水蛇、铅色水蛇等类群外都属于陆生种类。

人为干扰生境中可见种类：在人为干扰的生境如已经开发过后恢复的次生林及其他如人工林、住宅区域等地点可见的一些种类，对生境要求不是很严格的一些物种，适当的干扰可增加它们的多样性和生境活动范围。如壁虎科的中国壁虎、疣尾蜥虎；鬣蜥科的变色树蜥；石龙子科的南滑蜥、长尾南蜥、多线南蜥、中国石龙子等；游蛇科的缅甸钝头蛇。

非人为干扰生境种类：对生境要求相对比较严格，人为开发过的生境或住宅区很难适合该类生物的生存或数量几乎很少，人为干扰会强烈地影响其种群分布和密度，多分布于干扰较小的或没有干扰的林下生境中。除上述人为干扰生境中的可见种类外都属于非人为干扰生境种类，如蜥蜴科的南草蜥，游蛇科除水蛇类和钝头蛇类之外、眼镜蛇科、蝰科都属于此类物种。其中除蛇类之外遇见率在白天高，夜间多隐蔽于草丛或石缝或树枝上休息；蛇类几乎都为夜间活动种类，白天遇见率较低，竹叶青和游蛇科的红脖颈槽蛇、紫沙蛇、草腹链蛇等种类白天也可见，但遇见率较夜间低；蛇类以昆虫、蛙等为食物，文献记载多采集于湖库附近的次生林环境中，而在人工林或农田中几乎未有记录。

C. 鸟类

鸟类以雀形目最多，鹳形目、鸽形目、隼形目、雨燕目、佛法僧目也具有一定的种类优势。

a. 涉禽类

主要生活于水边、在浅水区域进行取食但不能潜水的种类，如鹳形目鹭科的小白鹭、池鹭、苍鹭等；鸻形目的白腰草鹬、丘鹬、针尾沙锥等，白天活动，夜间隐蔽或休息，主要食物为浅水区域的鱼、蝌蚪及附近的昆虫等。湖库周边区内分布于水库边缘水塘附近。附近未发现有繁殖巢穴，容易受到人为干扰影响。

b. 陆禽类

以鸽形目为代表，主要活动在林下地面进行取食、繁殖等。多为比较珍稀的种类，并为狩猎鸟类，因此数量较少。鸽形目中的山斑鸠在人为干扰的地区可见分布，白天活动，夜晚休息和隐蔽，主要以乔木的种子等为食，湖库周边区分布较为广泛。

c. 猛禽类

以隼形目鸟类为主要代表，属于肉食性鸟类，位于食物链的顶端，主要分布于干扰较小的林地附近，活动范围较大，营巢地一般都在较茂密的林地或悬崖附近，食物以蛇、蛙、鱼和小型鸟类和兽类为主。白天活动，夜间隐蔽或休息，红隼分布于评价区的桉树林附近地带，活动范围很大，鹗主要以鱼类为食，在评价区水库附近见其停留在枯木上。蛇周鸟是该区分布较为优势的种类，至少可见 7 只个体，主要分布于次生林及水库附近的悬崖附近，说明该区具有该种动物的巢穴，主要以哺乳动物和蛇蛙类为食物。

d. 攀禽类

以雨燕目、鹃形目、佛法僧目的鸟类为代表，足适合在树木上攀缘和栖息，食物种类多样，雨燕目以空中飞翔的昆虫为食、鹃形目多杂食性、佛法僧目除翠鸟类群以鱼类为食外都以昆虫或植物种子为食。白天活动，雨燕目具前趾足，多在空中飞翔进行取食活动，佛法僧目的翠鸟科多集中分布于水环境附近，与食物分布密切相关。在湖库周边区内雨燕目见于水库码头附近空中飞翔。在乔木和灌木丛附近见有噪鹃活动，见人干扰后立即隐蔽于灌丛中，同时水库附近灌草丛见一只褐翅鸦鹃。翠鸟科类群多见于水塘、水田等环境中，白胸翡翠和斑鱼狗在湖库周边区桉树林附近可见踪迹。

e. 鸣禽类

以雀形目为代表，种类和栖息环境差异较大，鸣声响亮，食物多样化。

人为干扰生境中可见种类：卷尾科的黑卷尾、鹡鸰科、燕科的家燕、鹎科中的绿翅短脚鹎、白头鹎、伯劳科的棕背伯劳、椋鸟科的椋鸟类和八哥、画眉科的灰眶雀鹛、卷尾科的黑卷尾、文鸟科的鸟类都属于这一类群，可在人为干扰生境中遇见，一般生活在开阔地带的林缘或道路两侧的灌丛、地面或水边等地带；伯劳科的棕背伯劳喜欢栖息于灌草丛中，并经常站立在独木或空旷的树枝上，善于捕捉青蛙或蝗虫等食物资源，在全区都有分布。黑卷尾喜欢白天停留于道路或开阔地附近，俯视周围的环境，性胆大，食昆虫，在全区都有分布，数量很多。鹡鸰科喜欢活动在水环境或水田附近草地中，吃食附近的蠕虫或昆虫；燕科的家燕在全区空中几乎可见，经常将巢穴定居在人为居住环境附近，吃食飞行在空中的昆虫；其他种类在湖库周边区的道路两侧的灌丛等开阔地带属于常见种类，灰眶雀鹛、绣眼鸟科的暗绿绣眼鸟、文鸟科的鸟类等经常群体活动；八哥分布较为广泛，在湖泊周边区经常见其踪迹。

非人为干扰生境中种类：除上述以外的鸟类，一般生活于人为干扰小的环境中，性胆小，受惊扰后马上隐蔽或惊飞。在湖泊周边区内主要分布于次生灌木林中。鹎科的白头鹎在湖泊周边区分布较为广泛，清晨鸣叫频繁，在水库附近林地都可见其踪迹。

D. 哺乳动物

由于哺乳动物多数为夜间活动，而且活动能力强，故路线法调查遇见率极低，很难通过实体来估计种群数量或当地物种种类分布，只有通过实地访问调查和以往文献相结合的原则进行。

人为干扰生境种类：可在人为干扰的部分生境中出现或活动，进行取食的种类，如鼩鼱科的臭鼩；狐蝠科的棕果蝠；菊头蝠科的大菊头蝠；蹄蝠科的大蹄蝠；蝙蝠科的普通伏翼；鼠科的黑家鼠、黄胸鼠、褐家鼠；松鼠科的隐纹花松鼠等都属于在人为干扰生境中可见的种类。狐蝠科的棕果蝠、菊头蝠科的大菊头蝠、蹄蝠科的大蹄蝠、蝙蝠科的普通伏翼白天隐蔽，清晨和黄昏进行活动。棕果蝠在湖区周边都有分布，其分布与食物分布具有密切的关系，尤其是杧果、椰子等果实性植物的分布，因此在评价区的居民住处的椰子树附近一般都可见其排出的粪便；臭鼩是夜行性动物，貌似老鼠，但上吻尖而突出下唇，主要食物为地下的蠕虫或植物根茎，湖区周边分布；鼠科的黑家鼠、黄胸鼠等可在人类活动频繁的区域分布，主要以人为产生的垃圾食物等为食物或偷食人类的食物，白天和夜间都可见其行踪；松鼠科的隐纹花松鼠在湖区周边的林地中可见，主要在白天活动，取食植物的果实或花。

非人为干扰生境中种类：在人为干扰生境中很难发现其存在或活动，一般生活于茂密的林地中，大多数为夜间活动种类。小缺齿鼹、野猪和赤腹松鼠属于此种类群。小缺齿鼹主要取食地下的蠕虫，而且眼睛退化，野猪主要取食地下的植物根茎，属于杂食性动物，赤腹松鼠主要食物为附近的坚果和种子等，一般为白天活动。

3. 生态系统服务

生态系统服务指标主要评估松涛水库流域与水相关的供给、泥沙调控与支持和水相关文化指标，得分为 89.1 分。松涛水库水资源丰富，无资源性缺水和季节性缺水现象，供水可靠性较高。松涛水库流域渔业资源捕捞包括海南省水务厅松涛水利灌区管理局和渔民捕捞两方面，捕捞量统计数据较少，但据实地走访调研得知，松涛水库里湖湾众多，除了鲢鱼、鳙鱼、鲤鱼等普通种类，还有名贵的白骨鱼。鱼类物种资源丰富，同时海南省水务厅松涛水利灌区管理局每年都开展增殖放流活动，因此，研究流域供消费的生物质量较大。从统计数据来看，松涛水库流域在调控泥沙量、过滤水体污染物、防洪减灾、疾病调控方面效果较好，得分较高。对于涉水休闲业指标，为保护松涛水库生态环境，2014 年 4 月 23 日起松涛水库取消涉水休闲服务，受访群体在涉水休闲娱乐上花费的时间较少，该部分得分较低。

（五）供给

供给指标由年均用水压力、供水的可靠性、供消费的生物质量三个指标决定，该指标综合得分为 86.7 分。

1. 年均用水压力

生态系统服务部分主要考量三个维度：F_1，没有满足相关需求的流域；F_2，这些流域没有满足相关需求的频率；F_3，这些流域内可提供的服务与需求之间的差距。计算方式如下：

如果只能确定 F_1，则 ESI=100–F_1（可信度较低）；

如果只能确定 F_1 和 F_2，则 $\mathrm{ESI}=\sqrt{(F_1^2+F_2^2)/2}$（中等可信度）；

如果 F_1、F_2、F_3 均能确定，则

$$\mathrm{ESI}=100-\sqrt{(F_1^2+F_2^2+F_3^2)/3}$$

本指标以干旱情况表示研究流域出现了年均用水压力，以行政单位乡镇为子单元进行计算。松涛水库肩负着琼西北 128 万亩农田的灌溉，为海口等四市县城镇生活用水，洋浦、老城等重要工业地供水。年均给海口、儋州、临高和洋浦、老城等开发区供水 5 亿多 m^3，给琼岛西北部的 12 宗中型水库、33 宗小型水库提供补水。通过访问水库管理局工作人员，近五年松涛水库未出现干旱或缺水现象，统计得到相应的 F_1、F_2、F_3 值分别为：

F_1 没有满足水需求的地方：0；

F_2 没有满足水需求的月频率：0；

F_3 供应区别：未评价。

则依照公式计算可得：ESI=100。

经相关座谈会与会专家建议，可结合实际情况，给予该指标得分为

85分。这表明松涛水库能满足下游生活、农业、工业等需求，供水压力不明显。

2. 供水的可靠性

根据实际调查，松涛水库虽各年份干旱情况不一，但面对旱情，水库管理局采取多种措施，确保了大灾之年农业不减收，可见供水的可靠性。

统计得到相应的 F_1、F_2、F_3 值分别为：

F_1 供水不可靠的地方：0；

F_2 供水不可靠的月频率：0；

F_3 供应区别：未评价。

则依照公式计算可得：ESI=100。

经相关座谈会与会专家建议，可结合实际情况，给予该指标得分为90分，表明该流域虽然存在少量干旱情况，但旱情得到了有效、及时的控制，未对当地居民生产生活造成影响。

3. 供消费的生物质量

松涛水库里湖湾众多，除了鲢鱼、鳙鱼、鲤鱼等普通种类，还有名贵的白骨鱼。一直以来，松涛水库管理局高度重视水域水质和生态安全，多次组织开展淡水鱼类增殖放流活动。仅2016年，白沙黎族自治县在松涛水库共投放鳙鱼、鲮鱼和鲢鱼三种苗种近400万尾。可见，从松涛水库淡水生态系统获取的鱼类、野生水产及其他物质的能力有所保障，一直未减弱。

则统计得到相应的 F_1、F_2、F_3 值分别为：

F_1 捕获 / 生产力下降的地方：0；

F_2 捕获 / 生产力下降的频率：0；

F_3 捕获 / 生产力下降的程度：未评价。

则依照公式计算可得：ESI=100。

经相关座谈会与会专家建议，可结合实际情况，给予该指标得分为85分，表明该流域虽然由于人类活动导致可供消费的生物质量比天然状态下有所减少，但由于管理方增殖放流等活动，保障了该流域可供消费的生物质量。

（六）调控与支持

调控与支持指标包含泥沙调控、水体污染物过滤、防洪减灾、疾病调控四个二级指标。该指标综合得分为 92.5 分。

1. 泥沙调控

松涛水库是海南省重要的饮用水水源保护区和核心生态区，一旦水库水土流失严重，将严重威胁水库饮用水水源安全。开展水土流失治理，不仅可保护区域土地资源，改善陆域生态环境，促进区域水土资源的可持续利用，而且可控制或降低面源污染程度，改善库区水质，改善区域景观。为此，松涛水库一直重视水土保持工作。首先，从立法方面，根据《海南省松涛水库生态环境保护规定》，在松涛水库保护范围内禁止筑坝、围库造地、爆破、打井、采石、采矿、修坟；其次，从资金方面，省人民政府和有关市、县、自治县人民政府应当逐年增加对松涛水库生态环境保护的资金投入。省人民政府设立松涛水库生态环境保护专项资金，为松涛水库泥沙调控增强保障；最后，从工程方面，近几年松涛水库实施了一系列库岸生态治理工程，对入库泥沙进行了有效调控。根据南渡江龙塘站监测，2009—2013 年水体含沙量总体呈现下降趋势（附表 6-10）。

附表 6-10　海口市龙塘站年均含沙量

年份	年均含沙量 /（kg/m^3）
2009	15.6
2010	19.7
2011	13.2
2012	22.5
2013	12.4

主要计算方法为：以2009—2013年各子流域泥沙沉积是否上升作为判断该地区是否存在泥沙沉积问题的依据。该结果以松涛水库的子流域为子单元。通过统计得到相应的 F_1、F_2、F_3 值分别为：

F_1 沉积物出现问题的地方：0；

F_2 沉积物出现问题的月频率：0；

F_3 沉积物出现问题的程度：未评价。

则依照公式计算可得：ESI=100。

经相关座谈会与会专家建议，可结合实际情况，给予该指标得分为85分，松涛水库泥沙调控能力较好。

2. 水体污染物过滤

国家环境保护总局2002年4月26日颁布的《地表水环境质量标准》（GB 3838—2002），将松涛水库地区的水质进行分类评价，若水质标准劣于Ⅲ类，即水质为Ⅳ类或Ⅴ类则视为该地区水质超出阈值，具体标准详见附表6-11。

附表6-11　地表水环境质量标准

项目		Ⅰ类	Ⅱ类	Ⅲ类	Ⅳ类	Ⅴ类
总氮（湖库以N计）	≤	0.2	0.5	1.0	1.5	2.0
总磷（以P计）	≤	0.02（湖、库0.01）	0.1（湖、库0.025）	0.2（湖、库0.05）	0.3（湖、库0.10）	0.4（湖、库0.20）
高锰酸盐指数	≤	2	4	6	10	15
氨氮	≤	0.15	0.5	1.0	1.5	2.0

根据2013—2017年松涛水库的牙叉库心、南丰库心、番加库心以及水库整体水质监测结果表，可以发现研究区间松涛水库每年统计数据，总磷、总氮、高锰酸钾指数以及氨氮4个研究指标均优于或达到Ⅲ类，并未出现超出阈值的指标数据。

统计得到相应的 F_1、F_2、F_3 值分别为：

F_1 超出阈值的地区：0；

F_2 超出阈值的频率：0；

F_3 超出阈值的程度：未评价。

则依照公式计算可得：ESI=100。

3. 防洪减灾

松涛水库周边植被丰富，可涵养水源、改善水文状况、调节区域水分循环、防止水库淤塞，对于调节径流合理开发、利用水资源具有重要意义。丰富的植被既可调节坡面径流，又可调节地下径流。

调节坡面径流，削减水库汛期径流量。一般在降雨强度超过土壤渗透速度时，即使土壤未达饱和状态，也会因降雨来不及渗透而产生超渗坡面径流；而当土壤达到饱和状态后，其渗透速度降低，即使降雨强度不大，也会形成坡面径流，称过饱和坡面径流。但森林土壤因具有良好的结构和植物腐根造成的孔洞，渗透快、蓄水量大，一般不会产生上述两种径流；即使在特大暴雨情况下形成坡面径流，其流速也比无林地大大降低。森林对坡面径流的良好调节作用，可使水库汛期径流量和洪峰起伏量减小，从而减少洪水灾害。

调节地下径流，增加河川枯水期径流量。在森林覆被率较高的流域，丰水期径流量占 30%～50%，枯水期径流量也可占到 20% 左右。森林增加水库枯水期径流量的主要原因是把大量降水渗透到土壤层或岩层中并形成地下径流。一般情况下，坡面径流只要几十分钟至几小时即可进入河川，而地下径流则需要几天、几十天甚至更长的时间缓缓进入河川，因此可使河川径流量在年内分配比较均匀，提高了水资源利用系数。

本评价根据研究流域的洪涝情况来进行防洪减灾的指标计算，得益于水利设施的修建，松涛水库供水利防灾减灾能力有了极大提升，几乎无洪涝灾害发生。通过采访水库管理局工作人员，近五年，松涛水库流域未受主汛期强降雨影响，流域未出现受灾情况；

则统计得到相应的 F_1、F_2、F_3 值分别为：

F_1 遭受洪涝灾害的地方：0；

F_2 遭受洪涝灾害的月频率：0；

F_3 遭受洪涝灾害的程度：未评价。

则依照公式计算可得：ESI=100。

经相关座谈会与会专家建议，可结合实际情况，给予该指标得分为90分。

4. 疾病调控

根据走访海南省松涛灌区管理分局及松涛水库周边乡镇政府工作人员，近五年松涛水库流域未出现水相关的疾病。

则统计得到相应的 F_1、F_2、F_3 值分别为：

F_1 发生疾病的地区：0；

F_2 发生疾病的频率：0；

F_3 发生疾病的程度：未评价。

则依照公式计算可得：ESI=100。

附录7　管理与利益相关方调查问卷（海南松涛水库试点）

海南省淡水生态系统管理状况调查问卷

淡水健康指数（FHI）是由保护国际基金会及其合作伙伴开发的一个分析性工具，旨在促进淡水安全和淡水生态系统的可持续管理。该评估系统通过三个方面（生态系统活力、生态系统服务和治理）对淡水生态系统进行综合评估，目的是将科学、政策和实践相互联系起来。

本调查旨在收集评估的信息，以了解海南省淡水生态系统管理体系中不同利益相关者对协调机制、参与过程、治理有效性和区域内长期规划的意见。调查的填写是完全自愿的。您的宝贵意见将会成为该区域当前管理体系状态全面评估的坚实基础。

收集的信息仅用于研究目的，个人数据将被保密。感谢您的协作和支持！

填表人工作单位	
填表人职务	
填表日期	

1. 资源利用制度

基于您对现状的了解，请评价松涛水库水资源利用相关的各项制度的合理性，请略过您认为自己不适合或不能回答的问题。

H	水资源在各用水部门间的分配制度	5= 非常合理；4= 基本合理；3= 一般；2= 不合理；1= 非常不合理
I	水资源在各行政区间的分配制度	5= 非常合理；4= 基本合理；3= 一般；2= 不合理；1= 非常不合理
J	地下水取水制度	5= 非常合理；4= 基本合理；3= 一般；2= 不合理；1= 非常不合理
K	污水排放及管理制度	5= 非常合理；4= 基本合理；3= 一般；2= 不合理；1= 非常不合理
L	土地利用和开发制度	5= 非常合理；4= 基本合理；3= 一般；2= 不合理；1= 非常不合理
M	内陆渔业制度（禁渔时间、数量、方式等安排）	5= 非常合理；4= 基本合理；3= 一般；2= 不合理；1= 非常不合理
N	其他	5= 非常合理；4= 基本合理；3= 一般；2= 不合理；1= 非常不合理

2. 水资源相关的问题

基于您对现状的了解，请评价过去几年中与水资源相关的矛盾发生的情况，请略过您认为自己不适合或不能回答的问题。

G	管理机构职权重叠不清	5= 几乎不出现；4= 较少出现；3= 有时出现；2= 经常出现；1= 总是出现
H	不同用水地区或部门间的用水分配不均	5= 几乎不出现；4= 较少出现；3= 有时出现；2= 经常出现；1= 总是出现
I	农村居民获取清洁的生活用水资源不能满足	5= 几乎不出现；4= 较少出现；3= 有时出现；2= 经常出现；1= 总是出现
J	基础设施及设备建设的选址争夺	5= 几乎不出现；4= 较少出现；3= 有时出现；2= 经常出现；1= 总是出现
K	水污染及其他对下游地区的负面影响	5= 几乎不出现；4= 较少出现；3= 有时出现；2= 经常出现；1= 总是出现
L	其他	5= 几乎不出现；4= 较少出现；3= 有时出现；2= 经常出现；1= 总是出现

3. 水生生物资源相关的问题

请评价过去几年您对该区域水生生物资源现状的了解程度，请略过您认为自己不适合或不能回答的问题。

A	对水鸟物种数量和栖息地面积的变化	5= 非常了解；4= 基本了解；3= 一般；2= 不了解；1= 非常不了解
B	对鱼类物种数量和趋势的变化	5= 非常了解；4= 基本了解；3= 一般；2= 不了解；1= 非常不了解
C	对底栖动物物种数量和趋势的变化	5= 非常了解；4= 基本了解；3= 一般；2= 不了解；1= 非常不了解
D	对水生植物（挺水植物和沉水植物等）物种数量和趋势的变化	5= 非常了解；4= 基本了解；3= 一般；2= 不了解；1= 非常不了解
E	对入侵物种和有害物种数量和趋势的变化	5= 非常了解；4= 基本了解；3= 一般；2= 不了解；1= 非常不了解
F	对区域内自然保护地、自然生态系统保护区面积的变化情况	5= 非常了解；4= 基本了解；3= 一般；2= 不了解；1= 非常不了解

4. 淡水生态资源的物质产出

请评价对淡水生态资源物质产出的满意程度，请略过您认为自己不了解或不能回答的问题。

A	生活、工业、农业、生态环境对水量的需求与可供水量相比	5= 完全能满足；4= 基本满足；3= 一般；2= 不足；1= 严重不足
B	季节性变化和 / 或水质变差情况下能否满足用水需求	5= 完全能满足；4= 基本满足；3= 一般；2= 不足；1= 严重不足
C	可以捕获的鱼类、野生水产及其他物质的质量与数量	5= 非常满意；4= 基本满意；3= 一般；2= 不满意；1= 非常不满意
D	政府采取的保护淡水生物资源可持续利用的管理措施（如水污染管理、过度捕捞管理等）	5= 非常满意；4= 基本满意；3= 一般；2= 不满意；1= 非常不满意
E	其他	5= 非常满意；4= 基本满意；3= 一般；2= 不满意；1= 非常不满意

5. 淡水生态系统的调控与支持服务功能

请评价您对生态系统服务功能的了解程度，请略过您认为自己不适合或不能回答的问题。

A	生态系统调节泥沙从陆地流入及在河滩或出口沉积的能力	5= 非常了解；4= 基本了解；3= 一般；2= 不了解；1= 非常不了解
B	生态系统天然过滤污染物的能力	5= 非常了解；4= 基本了解；3= 一般；2= 不了解；1= 非常不了解
C	生态系统削减洪水径流量和滞洪的能力	5= 非常了解；4= 基本了解；3= 一般；2= 不了解；1= 非常不了解
D	与水相关的疾病（如登革热、疟疾、隐孢子虫病、血吸虫病）的流行情况	5= 非常了解；4= 基本了解；3= 一般；2= 不了解；1= 非常不了解
E	其他	5= 非常了解；4= 基本了解；3= 一般；2= 不了解；1= 非常不了解

6. 淡水生态系统的文化服务功能

请评价人们从区域内开展的与水相关的休闲、旅游活动中体验到的满意程度，请略过您认为自己不了解或不能回答的问题。

A	对河岸或湿地被划定为某种保护区域的情况	5= 非常满意；4= 基本满意；3= 一般；2= 不满意；1= 非常不满意
B	区域内开展与水相关的休闲、旅游活动的参与性和互动性	5= 非常满意；4= 基本满意；3= 一般；2= 不满意；1= 非常不满意
C	与水相关的旅游业对传统文化的传承和对审美体验的作用	5= 非常满意；4= 基本满意；3= 一般；2= 不满意；1= 非常不满意
D	其他	5= 非常满意；4= 基本满意；3= 一般；2= 不满意；1= 非常不满意

7. 流域管理情况

基于您对现状的了解，请对流域内主要职能的履行情况进行评价，请略过您认为自己不适合或不能回答的问题。

F	各级政府及企业部门对有关水资源开发和管理的政策执行力	5= 非常满意；4= 基本满意；3= 一般；2= 不满意；1= 非常不满意
G	水利设施的开发和管理（例如大坝、水库、污水处理厂等）	5= 非常满意；4= 基本满意；3= 一般；2= 不满意；1= 非常不满意
H	支撑实施规划和管理所需的财力	5= 非常满意；4= 基本满意；3= 一般；2= 不满意；1= 非常不满意
I	是否有制定实施方案，促进生态系统保护（包括加强公众意识）	5= 非常满意；4= 基本满意；3= 一般；2= 不满意；1= 非常不满意
J	其他	5= 非常满意；4= 基本满意；3= 一般；2= 不满意；1= 非常不满意

8. 激励机制体系

基于您对区域水资源利用有关管理和激励制度的了解情况，请略过您认为自己不适合或不能回答的问题。

G	决策前有通过环境和社会影响评价，预测主要影响，提供应对措施和方案	5= 制度成熟且规范执行；4= 制度较为成熟但尚未完全规范执行；3= 制度正在试点需要进一步完善；2= 制度正在初步讨论；1= 制度不存在
H	是否有生态系统服务付费或生态补偿等制度实施	5= 制度成熟且规范执行；4= 制度较为成熟但尚未完全规范执行；3= 制度正在试点需要进一步完善；2= 制度正在初步讨论；1= 制度不存在
I	是否有水资源交易	5= 制度成熟且规范执行；4= 制度较为成熟但尚未完全规范执行；3= 制度正在试点需要进一步完善；2= 制度正在初步讨论；1= 制度不存在
J	是否有荣誉嘉奖制度	5= 制度成熟且规范执行；4= 制度较为成熟但尚未完全规范执行；3= 制度正在试点需要进一步完善；2= 制度正在初步讨论；1= 制度不存在
K	土地利用分区政策（例如对河岸缓冲区、洪泛区发展或森林集水区等的要求）	5= 制度成熟且规范执行；4= 制度较为成熟但尚未完全规范执行；3= 制度正在试点需要进一步完善；2= 制度正在初步讨论；1= 制度不存在
L	其他	5= 制度成熟且规范执行；4= 制度较为成熟但尚未完全规范执行；3= 制度正在试点需要进一步完善；2= 制度正在初步讨论；1= 制度不存在

9. 淡水生态系统管理部门能力状况

基于您对现状的了解，请评价区域淡水生态系统管理相关部门的人力资源状况，请略过您认为自己不适合或不能回答的问题。

E	工作人员数量足以支持规划、管理、研究、评估等工作需求	5= 非常满意；4= 基本满意；3= 一般；2= 不满意；1= 非常不满意
F	工作人员的专业水平和教育程度足以支持规划、管理、研究、评估等工作需求	5= 非常满意；4= 基本满意；3= 一般；2= 不满意；1= 非常不满意
G	职业培训和技术认证等机会	5= 非常满意；4= 基本满意；3= 一般；2= 不满意；1= 非常不满意
H	其他	5= 非常满意；4= 基本满意；3= 一般；2= 不满意；1= 非常不满意

10. 淡水资源开发和管理的经济能力

基于您对当前情况的了解，请略过您认为自己不适合或不能回答的问题。

G	支持水资源供应发展的投资水平 如用于建造、维护水库或灌溉系统等措施的财政资源	5= 水平非常令人满意；4= 水平很令人满意；3= 水平令人满意；2= 水平不令人满意；1= 水平非常不令人满意
H	支持服务交付系统的投资水平 如用于建造和维护配水网络（即管道供应）或家有水井等措施的财政资源	5= 水平非常令人满意；4= 水平很令人满意；3= 水平令人满意；2= 水平不令人满意；1= 水平非常不令人满意
I	污水处理的投资水平 如用于建造和维护各种入河入库污水处理、修建公厕等措施的投资水平	5= 水平非常令人满意；4= 水平很令人满意；3= 水平令人满意；2= 水平不令人满意；1= 水平非常不令人满意
J	生态保护和恢复的投资水平 如用于保护湿地以减轻洪水风险，修复受损溪流或恢复鱼类资源等措施的财政资源	5= 水平非常令人满意；4= 水平很令人满意；3= 水平令人满意；2= 水平不令人满意；1= 水平非常不令人满意
K	监测和执行的投资水平 示例包括但不限于：用于评估环境影响、收集环境数据、检查设施和执行法规的财政资源	5= 水平非常令人满意；4= 水平很令人满意；3= 水平令人满意；2= 水平不令人满意；1= 水平非常不令人满意
L	其他	5= 水平非常令人满意；4= 水平很令人满意；3= 水平令人满意；2= 水平不令人满意；1= 水平非常不令人满意

11. 信息和知识

请评价获取水资源管理相关信息（如水质水量数据、规划文件、财务信息等）的途径、质量及全面性等，请略过您认为自己不适合或不能回答的问题。

F	可得性（网上信息公开或可应请求提供）	5= 非常满意；4= 基本满意；3= 一般；2= 不满意；1= 非常不满意
G	信息质量（时空尺度、覆盖内容等）	5= 非常满意；4= 基本满意；3= 一般；2= 不满意；1= 非常不满意
H	透明度（数据记录方式、信息来源清晰等）	5= 非常满意；4= 基本满意；3= 一般；2= 不满意；1= 非常不满意
I	水资源信息能够在管理、规划或研究中得到应用	5= 非常满意；4= 基本满意；3= 一般；2= 不满意；1= 非常不满意
J	其他	5= 非常满意；4= 基本满意；3= 一般；2= 不满意；1= 非常不满意

12. 公众参与和决策过程

请评价各个利益相关方在水资源发展规划和管理中参与决策的程度，请略过您认为自己不适合或不能回答的问题。

E	代表性（能够广泛覆盖各个利益相关方）	5= 非常高；4= 比较高；3= 一般；2= 比较低；1= 非常低
F	参与度（利益相关方能在决策制定前提出意见）	5= 非常高；4= 比较高；3= 一般；2= 比较低；1= 非常低
G	响应度（决策能够反映利益相关方的反馈和诉求）	5= 非常高；4= 比较高；3= 一般；2= 比较低；1= 非常低
H	其他	5= 非常高；4= 比较高；3= 一般；2= 比较低；1= 非常低

13. 水资源管理制度执行情况

请评价与下列事务管理相关的规章和制度执行情况，请略过您认为自己不适合或不能回答的问题。

H	地表水取水	5= 非常好；4= 比较好；3= 一般；2= 不好；1= 非常不好
I	地下水取水	5= 非常好；4= 比较好；3= 一般；2= 不好；1= 非常不好
J	调水	5= 非常好；4= 比较好；3= 一般；2= 不好；1= 非常不好
K	水质	5= 非常好；4= 比较好；3= 一般；2= 不好；1= 非常不好
L	水资源利用效率	5= 非常好；4= 比较好；3= 一般；2= 不好；1= 非常不好
M	土地利用	5= 非常好；4= 比较好；3= 一般；2= 不好；1= 非常不好
N	其他	5= 非常好；4= 比较好；3= 一般；2= 不好；1= 非常不好

14. 生态系统服务功能的效益分配

请评价下列群体（选项中可能有重叠）是否在水资源相关的利益分配中得到了充分的效益和保护，请略过您认为自己不适合或不能回答的问题。

F	贫困人口	5= 非常充分；4= 比较充分；3= 一般；2= 不充分；1= 非常不充分
G	农村居民	5= 非常充分；4= 比较充分；3= 一般；2= 不充分；1= 非常不充分
H	城镇居民	5= 非常充分；4= 比较充分；3= 一般；2= 不充分；1= 非常不充分
I	资源依赖性的人口（例如渔民）	5= 非常充分；4= 比较充分；3= 一般；2= 不充分；1= 非常不充分
J	其他	5= 非常充分；4= 比较充分；3= 一般；2= 不充分；1= 非常不充分

15. 相关数据的收集、分析及使用情况

请评价淡水生态系统数据的管理情况，请略过您认为自己不适合或不能回答的问题。

F	水量数据（径流、洪水、干旱、排水等）	5= 非常充分；4= 比较充分；3= 一般；2= 不充分；1= 非常不充分
G	水质数据	5= 非常充分；4= 比较充分；3= 一般；2= 不充分；1= 非常不充分
H	生物及生态数据（物种、栖息地、多样性）	5= 非常充分；4= 比较充分；3= 一般；2= 不充分；1= 非常不充分
I	主要用水者的取水数据	5= 非常充分；4= 比较充分；3= 一般；2= 不充分；1= 非常不充分
J	其他	5= 非常充分；4= 比较充分；3= 一般；2= 不充分；1= 非常不充分

16. 水资源和水生态管理的规划及适应性

请评价在管理层面，关于水质水量、地表和地下水、土地利用和生态、不同利益相关者的协调等问题考虑的全面性。

E	目标设定（设定共同的发展目标、提高和改进的方向）	5= 非常全面；4= 比较全面；3= 一般；2= 不全面；1= 非常不全面
F	规划机制（战略空间规划或区域发展规划）	5= 非常全面；4= 比较全面；3= 一般；2= 不全面；1= 非常不全面
G	适应性管理（考虑不确定性、新知识的整合、根据实际情况调整计划）	5= 非常全面；4= 比较全面；3= 一般；2= 不全面；1= 非常不全面
H	其他	5= 非常全面；4= 比较全面；3= 一般；2= 不全面；1= 非常不全面

附录 8　FHI 相关指标权重调查问卷（海南松涛水库试点）

您好！感谢您抽出宝贵时间参与我们的问卷调查！

该问卷不记名，但您的行业将会帮助我们分析由行业不同所带来的回答中的差异趋势。请选择您所在的行业：

□省政府系统直属单位　□地方政府部门　□政府部门下属事业单位

□研究机构 / 学校　□民间组织　□企业界 / 商界

□社区民众、自由职业者

我们将使用“层次分析法”对以下指标权重进行分析。

请您将以下指标进行两两对比，选择您觉得对于海南省松涛水库淡水生态系统的可持续健康发展更重要的指标，然后对该指标的相对重要性进行评分，评分规则见附表 8-1。

附表 8-1　评分规则

A 相对于 B 的重要性	分值
同等重要	1
稍微重要	3
较强重要	5
强烈重要	7
极端重要	9

以下问题（共 33 题），您认为 A 和 B 哪个更重要？用 1～9 的相对分值打分，您选择的重要项为几分？

附录 8　FHI 相关指标权重调查问卷（海南松涛水库试点）

问题 1：

A. 生态系统生命力：衡量生态系统整体性和功能发挥的情况	B. 生态系统服务：由淡水生态系统提供的各种与水相关的福利
您认为 A 和 B 哪个更重要或同等重要?	
1～9 分，您选择的重要项为几分?	

问题 2：

A. 生态系统生命力：衡量生态系统整体性和功能发挥的情况	B. 管理与利益相关方：水资源相关政策的结构及其制定程序
您认为 A 和 B 哪个更重要或同等重要?	
1～9 分，您选择的重要项为几分?	

问题 3：

A. 生态系统服务：由淡水生态系统提供的各种与水相关的福利	B. 管理与利益相关方：水资源相关政策的结构及其制定程序
您认为 A 和 B 哪个更重要或同等重要?	
1～9 分，您选择的重要项为几分?	

问题 4：

A. 水量：流域的水储量和流量	B. 水质：污染物浓度与水生生态系统赖以维持生物多样性的阈值的比较
您认为 A 和 B 哪个更重要或同等重要?	
1～9 分，您选择的重要项为几分?	

问题 5：

A. 水量：流域的水储量和流量	B. 流域情况：地表覆盖变化及河道物理变化
您认为 A 和 B 哪个更重要或同等重要?	
1～9 分，您选择的重要项为几分?	

问题 6：

A. 水量：流域的水储量和流量	B. 生物多样性：依水而生的物种数量现状及发展趋势
您认为 A 和 B 哪个更重要或同等重要?	
1～9 分，您选择的重要项为几分?	

问题 7：

A. 水质：污染物浓度与水生生态系统赖以维持生物多样性的阈值的比较	B. 流域情况：地表覆盖变化及河道物理变化
您认为 A 和 B 哪个更重要或同等重要?	
1～9 分，您选择的重要项为几分?	

问题 8：

A. 水质：污染物浓度与水生生态系统赖以维持生物多样性的阈值的比较	B. 生物多样性：依水而生的物种数量现状及发展趋势
您认为 A 和 B 哪个更重要或同等重要?	
1～9 分，您选择的重要项为几分?	

问题 9：

A. 流域情况：地表覆盖变化及河道物理变化	B. 生物多样性：依水而生的物种数量现状及发展趋势
您认为 A 和 B 哪个更重要或同等重要?	
1～9 分，您选择的重要项为几分?	

问题 10：

A. 供给：淡水生态系统的物质产出（主要是水和鱼）	B. 调控与支持：支持供给服务或提供防灾功能的生态系统过程
您认为 A 和 B 哪个更重要或同等重要?	
1～9 分，您选择的重要项为几分?	

问题 11：

A. 供给：淡水生态系统的物质产出（主要是水和鱼）	B. 文化：人类从与淡水生态系统互动中体验到的非物质福利
您认为 A 和 B 哪个更重要或同等重要?	
1～9 分，您选择的重要项为几分?	

问题 12：

A. 调控与支持：支持供给服务或提供防灾功能的生态系统过程	B. 文化：人类从与淡水生态系统互动中体验到的非物质福利
您认为 A 和 B 哪个更重要或同等重要?	
1～9 分，您选择的重要项为几分?	

问题 13：

A. 政策环境：水资源管理中的政策、规则、市场机制和社会准则	B. 利益相关方参与：利益相关方互动途径以及这些互动的透明度和责任
您认为 A 和 B 哪个更重要或同等重要?	
1～9 分，您选择的重要项为几分?	

问题 14：

A. 政策环境：水资源管理中的数额和政策、规则、市场机制和社会准则	B. 远见和适应性管理：将信息纳入流域政策和规划的能力
您认为 A 和 B 哪个更重要或同等重要?	
1～9 分，您选择的重要项为几分?	

问题 15：

A. 政策环境：水资源管理中的数额和政策、规则、市场机制和社会准则	B. 有效性：水相关政策和投资决策的成果
您认为 A 和 B 哪个更重要或同等重要?	
1～9 分，您选择的重要项为几分?	

问题 16：

A. 利益相关方参与：利益相关方互动途径以及这些互动的透明度和责任	B. 远见和适应性管理：将信息纳入流域政策和规划的能力
您认为 A 和 B 哪个更重要或同等重要?	
1～9 分，您选择的重要项为几分?	

问题 17：

A. 利益相关方参与：利益相关方互动途径以及这些互动的透明度和责任	B. 有效性：水相关政策和投资决策的成果
您认为 A 和 B 哪个更重要或同等重要?	
1～9 分，您选择的重要项为几分?	

问题 18：

A. 远见和适应性管理：将信息纳入流域政策和规划的能力	B. 有效性：水相关政策和投资决策的成果
您认为 A 和 B 哪个更重要或同等重要?	
1～9 分，您选择的重要项为几分?	

问题 19：

A. 水资源管理：机构行使协调、规划、融资和争议解决等管理功能的程度	B. 资源使用权：水及相关资源的使用权的一致性
您认为 A 和 B 哪个更重要或同等重要?	
1～9 分，您选择的重要项为几分?	

问题 20：

A. 水资源管理：机构行使协调、规划、融资和争议解决等管理功能的程度	B. 激励措施与规则：使用影响评价和经济刺激等不同的管理手段的能力
您认为 A 和 B 哪个更重要或同等重要?	
1～9 分，您选择的重要项为几分?	

问题 21：

A. 水资源管理：机构行使协调、规划、融资和争议解决等管理功能的程度	B. 财务能力：水资源保护工作所需资金与现有资金的缺口
您认为 A 和 B 哪个更重要或同等重要?	
1～9 分，您选择的重要项为几分?	

问题 22：

A. 水资源管理：机构行使协调、规划、融资和争议解决等管理功能的程度	B. 技术能力：水资源管理从业人员的数量和技术等级
您认为 A 和 B 哪个更重要或同等重要?	
1～9 分，您选择的重要项为几分?	

问题 23：

A. 资源使用权：水及相关资源的使用权的一致性	B. 激励措施与规则：使用影响评价和经济刺激等不同的管理手段的能力
您认为 A 和 B 哪个更重要或同等重要?	
1～9 分，您选择的重要项为几分?	

问题 24：

A. 资源使用权：水及相关资源的使用权的一致性	B. 财务能力：水资源保护工作所需资金与现有资金的缺口
您认为 A 和 B 哪个更重要或同等重要?	
1～9 分，您选择的重要项为几分?	

问题 25：

A. 资源使用权：水及相关资源的使用权的一致性	B. 技术能力：水资源管理从业人员的数量和技术等级
您认为 A 和 B 哪个更重要或同等重要?	
1～9 分，您选择的重要项为几分?	

问题 26：

A. 激励措施与规则：使用影响评价和经济刺激等不同的管理手段的能力	B. 财务能力：水资源保护工作所需资金与现有资金的缺口
您认为 A 和 B 哪个更重要或同等重要?	
1～9 分，您选择的重要项为几分?	

问题 27：

A. 激励措施与规则：使用影响评价和经济刺激等不同的管理手段的能力	B. 技术能力：水资源管理从业人员的数量和技术等级
您认为 A 和 B 哪个更重要或同等重要?	
1～9 分，您选择的重要项为几分?	

问题 28：

A. 财务能力：水资源保护工作所需资金与现有资金的缺口	B. 技术能力：水资源管理从业人员的数量和技术等级
您认为 A 和 B 哪个更重要或同等重要?	
1～9 分，您选择的重要项为几分?	

问题 29：

A. 信息获取：水量、水质、资源管理和开发数据的可获取性	B. 决策过程中的参与：参与的相关方范围及其话语在政策和规划中的分量
您认为 A 和 B 哪个更重要或同等重要?	
1～9 分，您选择的重要项为几分?	

问题 30：

A. 战略规划与适应性管理：流域或子流域全面战略规划的程度	B. 监测和学习机制：水资源的物理、化学和生物监测，社会经济数据监测的质量和使用
您认为 A 和 B 哪个更重要或同等重要?	
1～9 分，您选择的重要项为几分?	

问题 31：

A. 执行和遵守情况：法律法规的执行程度	B. 利益分配：水资源管理决策的影响，特别是对弱势人群
您认为 A 和 B 哪个更重要或同等重要？	
1～9 分，您选择的重要项为几分？	

问题 32：

A. 执行和遵守情况：法律法规的执行程度	B. 水相关冲突：水资源分配和获取、污染、引调水或基础设施建设中出现的矛盾和冲突
您认为 A 和 B 哪个更重要或同等重要？	
1～9 分，您选择的重要项为几分？	

问题 33：

A. 利益分配：水资源管理决策的影响，特别是对弱势人群	B. 水相关冲突：水资源分配和获取、污染、引调水或基础设施建设中出现的矛盾和冲突
您认为 A 和 B 哪个更重要或同等重要？	
1～9 分，您选择的重要项为几分？	

附录 9　松涛水库流域大型底栖动物监测种类目录统计表

种类		南丰镇			兰洋镇	牙叉镇					细水乡			元门乡			南开乡		
中文名	拉丁名	南丰库区	番加库区 1	大斗村	番加库区 2	牙叉库区	县一小	南叉河	方平	白沙桥	白沙农场 18 队	罗帅二队	龙村小学	元门桥	翁村大桥	元门新村	白南线	牙和村	南开小学
春蜓科 1	*Melligomphus sp.*														+			+	
春蜓科 2	*Ophiogomphus sp.*							+	+						+	+			+
春蜓科 3	*Gomphidae1*											+				+			
春蜓科 4	*Gomphidae2*														+	+			+
春蜓科 5	*Gomphidia sp.*											+	+						
大蜻科	*Macromiidae*														+	+			
束翅亚目	*Zygoptera*																		+
扁蜉科	*Heptageniidae*							+				+	+						+
四节蜉科 1	*Baetidae1*							+	+			+		+		+			+
四节蜉科 2	*Baetidae2*							+											
新蜉科	*Neoephemeridae*																		+

续表

种类		南丰镇			兰洋镇	牙叉镇					细水乡			元门乡			南开乡		
中文名	拉丁名	南丰库区	香加库区 1	大斗村	番加库区 2	牙叉库区	县一小	南叉河	方平	白沙桥	白沙农场 18 队	罗帅二队	龙村小学	元门桥	翁村大桥	元门新村	白南线	牙和村	南开小学
细蜉科	*Caenidae*							+											
小蜉科	*Ephemerellidae*							+											
蜉蝣科（残体）																			
纹石蛾科	*Hydropsyche sp.*											+							
径石蛾科	*Ecnomus sp.*											+							
毛翅目（残体）																+			
襀科	*Perlidae*											+							+
襀翅目（残体）																+			
摇蚊科 1	*Chironomus sp.*	+	+	+	+	+	+			+	+						+		
摇蚊科 2	*Einfeldia sp.*					+				+	+		+	+			+		+
摇蚊科 3	*Polypedilum sp.*																+		
大蚊科 1	*Tipula sp.*	+	+			+				+		+				+		+	

续表

种类		南丰镇			兰洋镇	牙叉镇					细水乡			元门乡			南开乡		
中文名	拉丁名	南丰库区	番加库区 1	大斗村	番加库区 2	牙叉库区	县一小	南叉河	方平	白沙桥	白沙农场 18 队	罗帅二队	龙村小学	元门桥	翁村大桥	元门新村	白南线	牙和村	南开小学
大蚊科 2	*Hexatoma sp.*				+													+	
大蚊科 3	*Tipulidae*											+							
扁泥甲科	*Psephenidae*	+		+	+				+			+							
溪泥甲科	*Elmidae*											+							
鳞翅目	*Lepidoptera*							+											
河蚬	*Corbicula fluminea*							+	+			+			+	+			
短沟蜷 1	*Semisulcospira sp1.*														+				
短沟蜷 2	*Semisulcospira sp2.*																		
腹足类未定 1	*Gastropods*								+			+			+			+	+
腹足类未定 2	*Gastropods*														+				
米虾	*Atyidae*						+			+	+			+					
合计种类		3	2	2	3	3	2	8	5	4	3	13	3	3	8	9	3	4	9
流域总计		共 10 目 24 科 34 种（类）																	

附录 10　松涛水库流域大型底栖动物监测密度、生物量统计表

站位	类别	种名或科名	密度 /(ind/ m^2)	生物量 /(g/m^2)
南丰库区	节肢动物	摇蚊科 1	8.00	0.03
	节肢动物	大蚊科 1		
	节肢动物	扁泥甲科		
番加库区 1	节肢动物	摇蚊科 1	5.33	0.03
	节肢动物	大蚊科 1		
大斗村	节肢动物	摇蚊科 1	5.33	0.02
	节肢动物	扁泥甲科		
番加库区 2	节肢动物	摇蚊科 1	10.67	0.05
	节肢动物	大蚊科 1		
	节肢动物	扁泥甲科		
牙叉库区	节肢动物	摇蚊科 1	10.67	0.05
	节肢动物	摇蚊科 2		
	节肢动物	大蚊科 1		
县一小	节肢动物	摇蚊科 1	10.67	0.31
	节肢动物	米虾		
方平	节肢动物	春蜓科 2	26.67	6.28
	节肢动物	四节蜉科 1		
	节肢动物	扁泥甲科		
	软体动物	河蚬		
	软体动物	腹足类未定 1		

续表

站位	类别	种名或科名	密度 /(ind/ m^2)	生物量 /(g/m^2)
南叉河	节肢动物	春蜓科 2	20.00	17.46
	节肢动物	扁蜉科		
	节肢动物	四节蜉科 1		
	节肢动物	四节蜉科 2		
	节肢动物	细蜉科		
	节肢动物	小蜉科		
	节肢动物	鳞翅目		
	软体动物	河蚬		
白沙桥	节肢动物	米虾	6.67	0.13
	摇蚊科 1	摇蚊科 1		
	摇蚊科 2	摇蚊科 2		
	大蚊科 1	大蚊科 1		
白沙农场 18 队	节肢动物	米虾	18.67	0.48
	摇蚊科 1	摇蚊科 1		
	摇蚊科 2	摇蚊科 2		
罗帅二队	节肢动物	春蜓科 3	340.00	10.25
	节肢动物	春蜓科 5		
	节肢动物	扁蜉科		
	节肢动物	四节蜉科 1		
	节肢动物	纹石蛾科		
	节肢动物	径石蛾科		
	节肢动物	襀科		
	节肢动物	大蚊科 1		
	节肢动物	大蚊科 3		
	节肢动物	扁泥甲科		
	节肢动物	溪泥甲科		
	软体动物	河蚬		
	软体动物	腹足类未定 1		

续表

站位	类别	种名或科名	密度 /(ind/ m^2)	生物量 /(g/m^2)
龙村小学	节肢动物	春蜓科 5	4.44	0.03
	节肢动物	四节蜉科 1		
	节肢动物	摇蚊科 2		
元门桥	节肢动物	四节蜉科 1	3.33	0.06
	节肢动物	摇蚊科 2		
	节肢动物	米虾		
翁村大桥	节肢动物	春蜓科 1	35.56	18.87
	节肢动物	春蜓科 2		
	节肢动物	春蜓科 4		
	节肢动物	大蜻科		
	软体动物	河蚬		
	软体动物	短沟蜷 1		
	软体动物	腹足类未定 1		
	软体动物	腹足类未定 2		
元门村	节肢动物	春蜓科 2	23.33	2.25
	节肢动物	春蜓科 3		
	节肢动物	春蜓科 4		
	节肢动物	大蜻科		
	节肢动物	四节蜉科 1		
	节肢动物	毛翅目		
	节肢动物	襀翅目		
	节肢动物	大蚊科 1		
	软体动物	河蚬		
白南线	节肢动物	摇蚊科 1	24.44	0.07
	节肢动物	摇蚊科 2		
	节肢动物	摇蚊科 3		

续表

站位	类别	种名或科名	密度 /(ind/ m^2)	生物量 /(g/m^2)
牙和村	节肢动物	春蜓科 1	5.56	0.64
	节肢动物	大蚊科 1		
	节肢动物	大蚊科 2		
	软体动物	腹足类未定 1		
南开小学	节肢动物	春蜓科 2	32.22	0.46
	节肢动物	春蜓科 4		
	节肢动物	束翅亚目		
	节肢动物	扁蜉科		
	节肢动物	四节蜉科 1		
	节肢动物	新蜉科		
	节肢动物	襀科		
	节肢动物	摇蚊科 2		
	软体动物	腹足类未定 1		

附录 11　松涛水库流域鱼类资源调查结果一览表

种类	南丰库区（1#）	大斗村（2#）	牙叉库区（3#）	南叉河（4#）	白沙农场18队（5#）	南湾河（6#）	南溪河（7#）	南清河（8#）	南春河（9#）	南开河（10#）	流域合计
罗非鱼	17++	307++	157++	81++	87++					7++	656
马口鱼	1		7	11++		51++	15++	13++	44++		142
银鲴	1	245++	335++	3	35++		38++	3			660
黄尾鲴	1	1									2
爬岩鳅	1			2		25++		4	6++		38
鲫鱼	1	2	2	22	20	1				1	49
餐	7++	512++	267++	3++	635++		7++	22++			1 453
纹唇鱼		1		5		2		2			10
唇滑				6				1			9
条纹刺鲃	1			1		24++				1	27
鲤鱼	10++	11	11	1	11						44
食蚊鱼				1							1
清道夫				3							3
尖头塘鳢	7++	9	9		9						34
鲮鱼	3	8	7		7						25
长臀鮠	3	5	17		5						30
海南红鲌	4++	343++	690++		293++						1 330

续表

种类	南丰库区（1#）	大斗村（2#）	牙叉库区（3#）	南叉河（4#）	白沙农场18队（5#）	南湾河（6#）	南溪河（7#）	南清河（8#）	南春河（9#）	南开河（10#）	流域合计
蒙古红鲌	1	47++	4		12						64
须鲫	1	3	3		3						10
海南似鱎	1	62++	8		64++		3				138
吻虾虎鱼	1	1	1	1	1	7	1	1	11++		25
舌鰕虎鱼		1		1		21++	1		1	1	26
栉鰕虎鱼						3			1		4
虹彩光唇鱼	1					3		12++	1	7	24
大刺鳅								1		3	4
南方白甲鱼						1		9++	7++	6	23
南方拟餐					73++	4	3				80
似鮈									1		1
横纹条鳅						16	4	2			22
越南刺鳑鲏						1	1				2
海南黑鳍鳈									3		3
美丽小条鳅						21			3		24
海南纹胸鮡									1		1
越鲇						7		2	2	1	12
拟细鲫						51++		1	1	1	54
越鳠						1		1			2

续表

种类	南丰库区（1#）	大斗村（2#）	牙叉库区（3#）	南叉河（4#）	白沙农场18队（5#）	南湾河（6#）	南溪河（7#）	南清河（8#）	南春河（9#）	南开河（10#）	流域合计
宽鳍鱲						13					13
黄鳝	1					2					3
宽额鳢	1					3					4
泥鳅	1					4					5
中华花鳅	1					20					21
石鳜						1					1
圆尾斗鱼				1		1					2
乌鳢	1	1	1		1						4
银鮈						9		7++			16
鳙鱼	3++	3	3		3						12
光倒刺鲃	1										1
鲢鱼	1	1	1		1	1					5
胡子鲇	1										1
革胡子鲇	1										1
麦鲮	1										1
合计尾数	75	1 563	1 523	142	1 260	293	73	81	84	28	5 122
合计种类	29	19	17	15	17	26	9	16	14	9	51

注：“17++”其中：数字表示鱼种个体数，++ 表示该鱼种为优势种。

附录 12　大理洱海淡水生态系统健康评价项目公众满意度调查问卷

大理洱海淡水生态系统健康评价项目公众满意度调查问卷
性别：___________　年龄：___________　联系电话：________________ 现居住地址：___________ 市（县）___________ 镇　调查时间：　年　月　日
1. 您的文化程度： A. 初中以下　B. 初中　C. 高中　D. 大专　E. 本科　F. 本科以上 2. 您的职业是? A. 在校学生　B. 行政单位　C. 企业　D. 事业单位　E. 农民　F. 自由职业　G. 其他 _____ 3. 您认为洱海污染是否严重? A. 很干净，没有污染　B. 还好　C. 污染较轻　D. 污染较重　E. 严重污染 4. 您认为洱海存在的环境问题哪一项比较严重? A. 农业污染　B. 小作坊废水排放污染　C. 畜禽养殖污染　D. 旅游开发污染 E. 其他 ________ 5. 您认为洱海湖滩上的树草多吗? A. 很多　B. 较多　C. 一般　D. 较少　E. 很少 6. 您认为洱海中鱼类的数量和种类多吗? A. 很多　B. 较多　C. 一般　D. 较少　E. 很少 7. 您认为在洱海旅游的游客数量是否太多? A. 很多，已经影响到洱海水环境　B. 比较多　C. 较多　D. 较少　E. 很少 8. 您认为湖泊环境对城市和人们的生活有影响吗? A. 影响很大　B. 有点影响　C. 没什么影响　D. 无所谓 9. 您对经济发展和洱海环境保护的态度是? A. 经济发展更重要　B. 环境保护更重要　C. 两方面都重要，需要两者兼顾 10. 如果您看到洱海环境遭到人为破坏，您会采取哪些行动? A. 向媒体反映　B. 向管理部门举报　C. 主动制止　D. 无所谓
您对洱海水环境的总体满意度是： A. 很满意　B. 满意　C. 基本满意　D. 不满意　E. 很不满意
其他意见及建议：